남극 그리고
사람들

남극 그리고 사람들

남빙양 항해에 얽힌 이야깃거리들

2012년 12월 17일 초판 1쇄 발행
지은이 장순근 · 강정극

펴낸이 이원중 책임편집 김명희 디자인 정애경
펴낸곳 지성사 출판등록일 1993년 12월 9일 등록번호 제10 - 916호
주소 (121 - 829) 서울시 마포구 상수동 337 - 4 전화 (02) 335 - 5494 ~ 5 팩스 (02) 335 - 5496
홈페이지 www.jisungsa.co.kr 블로그 blog.naver.com / jisungsabook 이메일 jisungsa@hanmail.net
편집주간 김명희 편집팀 김찬 디자인팀 정애경

ⓒ 장순근 · 강정극 2012

ISBN 978 - 89 - 7889 - 264 - 3 (04400)
ISBN 978 - 89 - 7889 - 168 - 4 (세트)

이 도서의 국립중앙도서관 출판시도서목록(CIP)은 CIP 홈페이지(http://www.nl.go.kr/ecip)에서
이용하실 수 있습니다. (CIP제어번호: CIP 2012005766)

남극 그리고 사람들

남빙양 항해에 얽힌 이야깃거리들

장순근
강정극
지음

1985년 11월 한국남극관측탐험대 대원이자 지질학자로서 남극에 첫발을 디딘 뒤로는 남극을 연구하면서 배를 탈 기회가 많았다. 험한 남극의 바다라고 해서 배를 탈 때마다 늘 괴로웠던 것은 아니지만, 가끔 멀미를 하게 되는데 한번은 네 끼니를 굶었던 기억도 있다. 그런 괴로움 속에서도 선장이나 함께 배를 탄 사람들에게 세상 이야기와 이전에 배를 탄 경험들을 들으며 재미있는 추억은 하나둘 늘어났다.

1988년 2월 남극에 세종과학기지가 준공된 후에는 남반구에 여름우리나라는 겨울이 오면 거의 매년 남극으로 갔다. 그곳에서 배를 타고 남빙양을 여러 차례 돌아볼 기회가 있었고, 그때의 기억은 내겐 소중한 추억이자 청소년 여러분께 들려줄 재미있는 이야깃거리이다. 이 책에는 그때 남빙양을 항해하면서 만났던 사람, 생명, 자연……에 관한 이야기들을 모았다. 세종과학기지에서 남극반도의 서해안을 따라 내려갔다가 올라온 남극 연구 초창기 때의 이야기를 포함해 길고 짧은 항해 이야기들과, 우리나라가 2014년까지 남극 대륙에 지을 기지장보고기지 후보지를 답사했을 때의 기록이다. 이 책을 읽는 청소년들이 남극과 남빙양으로 간 사람과학자들의 노력을 알게 되고, 그것을 통해 탐험심 같은 진취적인 기상을 배웠으면 하는 마음에서 소박하나마 기록으로 남긴다.

이 책이 세상 빛을 볼 수 있게 해 준 한국해양과학기술원과 출판을 맡아 준 지성사에 깊은 감사를 표한다. 그분들의 노력이 없었다면 이 책은 나오지 못했을 것이다.

장순근 · 강정극

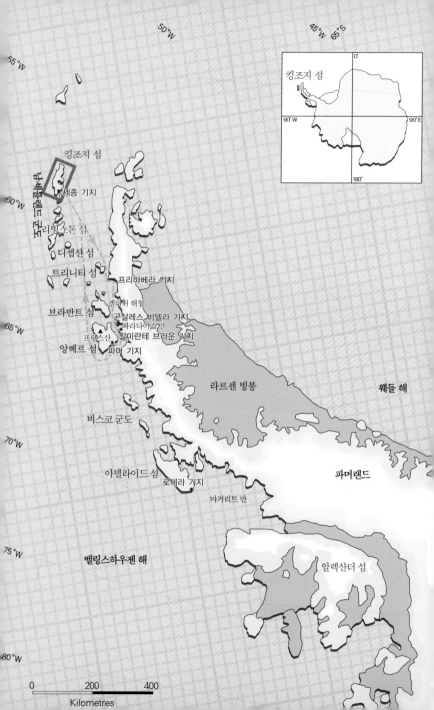

킹조지 섬

55°W

50°W

45°W 65°S

킹조지 섬

0°

90°W   90°E

180°

킹조지 섬

사우스셰틀랜드 군도

세종 기지

50°W

리빙스톤 섬

디셉션 섬

트리니티 섬   프리마베라 기지

브라반트 섬   겔라취 해협

곤살레스 비델라 기지

파라다이스 만

프랑스산   알미란테 브라운 기지

앙베르 섬   파머 기지

65°W

라르센 빙붕   웨들 해

비스코 군도

70°W

아델라이드 섬   파머랜드

로데라 기지

마거리트 만

75°W

빌링스하우젠 해

알렉산더 섬

80°W

0   200   400

Kilometres

1

남극반도 서해안의
새로운 터를 찾아서

세종기지 앞바다를 떠나

남극반도 서해안에 사람이 활동할 만한 자리가 있는지 알아보기 위해 1990년 1월 항해를 나섰다. 남극반도의 서해안을 따라 남쪽으로 450킬로미터 정도 항해할 예정이다. 배는 제3차 남극과학연구단이 연구용으로 영국에서 빌린 1000톤급 내빙선 이스텔라*Eastella*호였다. 내빙선은 해빙을 깨면서 전진하는 쇄빙선만큼은 아니지만, 배의 앞부분과 양옆을 튼튼하게 만들어 얼음 조각에 부딪혀도 잘 견디는 배이다. 영국에서 남극까지 대서양을 내려온 이스텔라호는, 갑판 위는 하얗고 아래는 빨간색이며 선체가 아주 날씬했

세종기지 앞 마리안 소만에 들어온 이스텔라호 _배 뒤 왼쪽으로 멀리 보이는 봉우리가 위버 반도의 서울봉이다.

다. 영국 배답게 큼직한 엘리자베스 영국 여왕의 초상화가 걸려 있었다. 50대 초반의 선장 피터 테일러Peter Taylor 씨는 북극 항해 경험은 풍부했으나 남극은 처음이라고 했다.

1990년 1월 13일 토요일 새벽 갑판으로 나갔다. 5시 10분으로 시간이 일렀으나 날은 이미 밝았다. 기온은 섭씨 1.2도이고 멀리까지 잘 보이는 맑은 날씨였다. 그날은 상당히 먼 남쪽까지 내려갈 계획이어서 아침을 먹자마자 8시 20분쯤 닻을 걷어 올리며 떠날 준비를 서둘렀다.

배는 9시에 아르헨티나의 주바니 기지 앞바다인 포터 소만의 입구를 지나 브랜스필드 해협으로 들어섰다. 브랜스

지금은 건물이 늘었지만 1988년 당시 주바니 기지의 겨울 모습 _뒤로 형제봉이 보인다.

11

필드 해협은 세종기지가 있는 남셰틀랜드 군도와 남극반도 사이의 바다이다. 킹조지 섬 맥스웰 만에서는 괜찮았는데, 바다가 큰 때문인지 브랜스필드 해협으로 들어서면서 배는 앞뒤 그리고 좌우로 흔들렸다. 배가 기울어질 때마다 위에서 눈 녹은 물이 쏟아졌다.

킹조지 섬의 남서쪽에 있는 넬슨 섬과 그 남서쪽의 로버트 섬은 높지 않아 얼음으로 둥그스름하게 덮여 있는 모습이 마치 방패처럼 보였다. 반면 그 남서쪽의 그리니치 섬과 리빙스톤 섬은 이들보다 훨씬 높고 험해서 높은 봉우리들이 얼음 가운데 우뚝 솟아 있다. 가까이 있는 섬들의 모습이 그렇게 크게 다른 것은 각각 바위 종류와 생긴 시점이 다르다는 지질학적 이유가 있겠지만 보기에는 그저 신기하기만 했다. 그중에서도 봉우리가 높은 리빙스톤 섬의 높은 곳 얼음 표면에 커다란 크레바스가 군데군데 보여 두려운 마음이 들었다.

겔라쉬 해협에 들어와

오후 1시경 활화산인 디셉션 섬이 보였다. 멀리에서 보기로는 나지막하고 남극에 있는 섬 치고는 눈이 아주 적었

활화산인 디셉션 섬은 남극에 있는 섬치고는 눈이 아주 적다.

다. 디셉션Deception은 "속인다"는 뜻으로, 섬 이름을 그리 붙인 사연이 있을 것이다. 멀리서 보면 남극의 다른 섬들처럼 아주 쓸쓸해 보이지만 안으로 들어가면 강렬한 화산 폭발로 만들어진 백두산 천지처럼 보이는 포구가 있다. 그래서 이 섬에 처음 왔던 선원들은 속은 기분이 들었던 모양이다.

가끔 무전기에서 이야기 소리가 들린다. 이 부근 어디인가에 다른 사람들이 있다는 증거이다. 근처에는 아르헨티나와 스페인과 칠레의 여름 기지와 상주 기지가 있다. 상주 기지는 사람이 일 년 내내 머무는 기지를 말한다.

남쪽으로 내려갈수록 커다란 빙산들이 보이기 시작했

주로 빙벽으로 되어 있는 남극반도의 해안

다. 책상을 닮은 것도 있고 불규칙한 모양도 있었다. 남극에서 만들어지는 대부분의 빙산은 처음에는 책상 모양이지만 시간이 흐르면 갈라지고 뒤집어지면서 모양이 바뀐다.

저녁 7시쯤 인터커런스 섬의 동쪽을 지났다. 절벽으로 된 해안에 눈이 약 30미터 두께로 덮여 있어, 마치 흰 크림을 얹은 검은 카스텔라를 잘라 놓은 것처럼 보였다.

8시경에 투 험목 섬과 스몰 섬을 지나 겔라쉬 해협으로 들어섰다. 겔라쉬 해협은 1897년 말부터 1899년 초까지 남극반도의 서쪽을 탐험했던 벨기에 남극탐험대의 대장 아드리엔 드 겔라쉬에서 그 이름이 나왔다. 벨기에 남극탐험대는 탐험선 벨지카*Belgica*호가 얼음에 갇혀 남빙양에서 처음 겨울을 보냈으며, 겨울 내내 1500킬로미터 정도를 떠돌다가 돌아와 남극 탐험사에서 가장 위대한 이야기 중 하나를 만들었다.

이 부근은 파도가 자고 경치가 좋으며 남극 사적지가 많아 관광선들이 꼭 들르는 곳이다. 남극 사적지는 남극 탐험의 역사가 깃든 곳으로, 대개는 그곳을 먼저 탐험한 나라에서 지정해 보호하는데 지금까지 85군데나 지정되었다. 겔라쉬 해협에 들어서자 바람도 파도도 막혀 바다가 평온해졌다. 멀리 지나가는 범고래 두 쌍이 보였다.

"봄"이라는 뜻의 프리마베라 기지

저녁 8시 반경 당코 해안에 건설된 아르헨티나의 프리마베라Primavera 기지가 보였다. 당코 해안은 위에서 말한 벨기에 남극탐험대로 왔다가 심장마비로 죽은 벨기에 해군 장교 에밀 당코를 기념한다.

프리마베라 기지는 눈과 얼음뿐인 지형에서 약간 드러난 바위 위에 지은 기지이다. 큰 건물이 여덟 채, 작은 건물이 두 채였다. 기지를 불렀으나 응답이 없었다. 배에 있는 고무보트를 타고 기지로 올라가니 텅 비었다. 중요한 장비가 있거나 하는 특별한 경우가 아니면 비울 때도 잠그지 않는

멀리 바위 위에 보이는 붉은 건물이 프리마베라 기지

대개의 남극 기지들처럼 문은 열려 있었다. 주 건물, 미생물 실험실, 공작실, 식당, 2인용 침실이 있는 숙소와 발전동으로 되어 있는 기지의 건물 내부는 깨끗하게 정돈되어 있었다. 그러나 방 안의 벽이나 선반에 붙어 있는 사진과 그림은 빛이 바랬다. 건물 사이에는 나무를 깔아 길을 만들었고, 나무 손잡이를 만들어 놓은 것으로 보아 눈보라가 심할 때 붙잡고 길을 잃지 말라는 뜻이리라. 나무 계단에 1979라고 써 놓은 것을 보아서는 그 해에 만들었을까? 한편 기지의 주변에는 남극에서 꽃이 피는 식물 두 종 가운데 한 종인 남극좀새풀이 많았다. 남극좀새풀은 잔디 계통의 풀이다.

주 건물의 안에는 아르헨티나 해군 수로조사소가 1954년 1월 23일 이 기지를 준공했으며 위치는 남위 64도 10분, 서경 60도 57분이라고 적어 놓은 동판이 붙어 있었다. 기지 이름이 "해군 은신처 코벳트 대령"이라고 되어 있는 것으로

잔디 계통인 남극좀새풀

보아, 그 후 이름을 바꾼 것으로 보인다. 프리마베라는 스페인 말로 "봄"이니, 남극의 겨울이 너무 고통스러워 견디지 못하고 봄을 기다린다는 의미일까, 아니면 아르헨티나 사람들은 봄을 유난히 사랑하는 것일까? 흰색과 옥색 바탕에 황금색 태양이 있는 아르헨티나 국기를 벽에 그려 놓은 이 기지에서 남극점까지는 2870킬로미터이다.

크리스마스 트리가 있는 곤살레스 비델라 기지

14일 아침을 먹을 즈음 배는 파라다이스 만으로 들어왔다. 선장은 "파라다이스 만이 파라다이스^{낙원}가 아니다"라며 익살스러운 표정을 지었다. "야자수도 없고 꽃으로 만든 목걸이를 걸어 주는 아가씨도 없기 때문"이란다. 험한 남빙양

이름대로 아주 고요한 파라다이스 만으로 들어온 이스텔라호가 멀리 보인다(위). 하늘은 잔뜩 흐렸으나 고요한 파라다이스 만(아래)

을 건너 이곳에 처음 온 사람은 부근의 풍경이 아름답고 바다가 평온한 이 만을 발견하고는 파라다이스, 곧 낙원이라 부르고 싶었을 것이다. 그 마음을 알 만하다. 요즘도 관광선들이 빠뜨리지 않고 들를 만큼 아름다운 곳이다.

오전 10시경 칠레의 곤살레스 비델라Gonzalez Videla 육군 기지로 올라갔다. 이 기지는 국가 원수 가운데 가장 먼저 남극에 왔던 칠레의 비델라 대통령을 기념하는 기지로, 1951년 3월 12일 준공되었다. 비델라 대통령은 1948년 2월 17일 해군 기지인 프라트 기지에 들러 월동하는 여섯 사람을 격려하고, 다음 날에 있었던 오이긴스 기지의 준공식에 참석했다. 남위 64도 49분, 서경 62도 52분에 있는 비델라 기지는 프라트 해군 기지와 오이긴스 육군 기지에 이은 칠레의 세 번째 남극 기지이다. 프라트 기지는 세종기지에서 남서쪽으로 40킬로미터 정도 떨어진 그리니치 섬에 있으며, 오이긴스 기지는 프라트 기지에서 남동쪽으로 110킬로미터쯤 떨어진 남극반도 쪽으로 가까운 곳에 있다.

사람들이 언제까지 있었는지는 모르겠으나, 우리가 올라갔을 때 비델라 기지는 완전한 폐허였다. 무너진 지붕으로는 새파란 하늘이 보이고 쌓아 놓은 식품 봉지에는 곰팡

폐허나 다름없는 비델라 기지(왼쪽)와 누군가 기지 안에 만들어 놓은 크리스마스 트리(오른쪽)

이가 파랗게 슬어 있었다. 문짝은 떨어져 나갔으며 벽에는 구멍이 숭숭 나 있고 건물 안에서는 퀴퀴한 냄새가 났다. 벽에 그려 놓은 커다란 칠레 국기가 퇴색은 되었지만 기지의 주인을 알려 주고 있었다. 기지에는 누가 세워 놓은 것인지 모를 크리스마스 트리와 방명록이 잘 정돈된 책상 위에 있었다. 방명록에는 우리가 오기 바로 사흘 전에 쓰인 글이 있었다. 관광객일 것이다. 파라다이스 만은 경치가 좋고 기지들이 있어 관광선이 오면 빠뜨리지 않고 찾아오는 곳이다.

기지가 있는 곳은 평지가 아니라 울퉁불퉁했다. 그래도 땅이 드러나고 사람이 올라올 만하니 기지를 지었을 것이다. 조금 떨어진 언덕에는 십자가 몇 개가 서 있다.

곤살레스 비델라 기지 부근에 펭귄의 둥지가 여기저기

흩어져 있는 것으로 보아, 펭귄의 군서지동물이 모여서 사는 곳에 지은 것으로 생각되었다. 지금은 남극의 생물과 환경을 보호하려는 의지가 강해져, 펭귄을 포함하여 생물의 군서지에는 건물을 지을 수 없지만, 옛날에는 그렇지 않았을 것이다.

비어 있는 비델라 기지 앞까지 놀러 온 코끼리해표와 젠투펭귄

놀랍게도 젠투펭귄의 새끼들은 부화한 지 얼마 되지 않았다. 이들의 부화 시기는 세종기지보다 한참 늦었다. 나중에 미국의 조류학자에게 들은 이야기인데, 젠투펭귄은 사는 곳에 따라 6월부터 11월까지 알을 낳는데 남쪽으로 갈수록 춥기 때문에 알을 늦게 낳는다고 한다. 반면에 북쪽으로 갈수록 따뜻해서 한겨울에도 알을 낳는다고 하니, 다른 펭귄도 그런 경향을 보일 것이다. 그렇다면 이 기지 부근의 펭귄은 늦게 부화해도 여름이 짧으니까 빨리 자랄 것이다.

칠레 정부는 2000년대 들어 비델라 기지에 비행기가 뜨고 내릴 수 있도록 작은 활주로를 만들었으며, 여름에는

기지 대장이 정신착란으로 불을 질러서 가운데에 있어야 할 큰 건물 두 채는 타서 없어지고 작은 건물들만 남은 알미란테 브라운 기지(왼쪽). 기지에는 성모 마리아상이 안치된 동굴이 있다(오른쪽).

파라이소 베이라는 작은 기지도 만들어 해군을 상주시켰다. 상상컨대 원래 육군 기지로 지었던 기지를 공군과 해군이 지원하는 기지로 확장한 것 같다. 칠레도 아르헨티나처럼 국가 정책으로 남극에서 발언권을 키우고 있는데, 파라다이스 만의 경치가 좋아 남극 관광선이 자주 찾으니까 기지의 규모를 늘린 것으로 보인다.

비델라 기지에 이어 근처에 있는 아르헨티나의 알미란테 브라운Almirante Brown 기지로 올라갔다. 천주교 국가의 기지답게 성모 마리아상이 안치된 동굴이 있었다. 기지는 꽤 높은 곳에 자리를 잡아 파라다이스 만의 경치가 잘 보였다. 일찌감치 기지를 지으면서 이왕이면 좋은 터를 차지했을 것이라 생각된다. 1984년 4월 기지 대장이 정신착란으로 불을 질러 작은 건물 몇 채, 철근과 시멘트로 된 내부 구조물, 방향 표지 기둥만 남고 모두 소실되었다. 화재 이후 추위에 떨던 대원들은 다행히 미국 배의 도움으로 기지를 떠났다. 남위 64도 53분, 서경 62도 53분에 있는 이 기지에서 남극점까지는 2800킬로미터이다.

시설이 좋은 미국의 파머 기지

조사선은 파라다이스 만을 빠져나와 윙케 섬을 오른쪽으로 보면서 겔라쉬 해협을 따라 남서쪽으로 항해해 내려갔다. 지형이 대단히 험한 윙케 섬은 물에 빠져 죽은 벨기에 남극탐험대의 수병 칼 윙케를 기념한 섬이다.

같은 날 오후 3시 반에 우리는 미국의 파머Palmer 기지에 올라갔다. 파머는 열아홉의 젊은 나이로 물개를 잡으러 남극까지 온 용기 있는 선장이다. 이 기지는 남극점에 있는 아문센-스콧 기지, 로스 섬에 있는 맥머도 기지와 함께 미국이 운영하는 상주 기지 세 곳 가운데 하나이다. 참고로 맥머도 기지는 남극에 있는 기지 가운데 가장 크다.

파머 기지에는 이름을 붙여준 파머의 초상이 액자에 걸

파머 기지에는 기지 이름의 주인 파머 초상화가 걸려 있다(위). 남극답게 연료 탱크에 빙산과 범 고래를 그려 넣었다(가운데). 기지 2층 창가는 분 위기가 쾌적하고 편안하다(아래).

려 있었다. 기지 평면도와 남극 해양생물의 먹이망 그림과 깨끗한 고래 갈비 뼈도 벽을 장식하고 있었 다. 사람들의 심리 안정을 위해 2층에 있는 휴게실 내부는 나무로만 만들어 편안하고 아늑했다. 휴게 실은 회의도 하고 식탁으 로도 쓸 수 있는 탁자가 반 이상을 차지하고 있었 으며 한쪽에는 안락의자 와 많은 책이 꽂혀 있는 책장도 있었다. 바깥에는 테라스가 있어서 날씨가 좋으면 편안히 아름다운 남극의 경치를 구경할 수 있겠다는 생각이 들었다.

우리가 기지에 올라갔을 때도 날씨가 좋아 남극이 아닌 어느 집 응접실이나 휴게실에 와 있는 기분이 들었다.

파머 기지에서는 1년 전인 1989년 1월 기지 앞바다에서 암초에 부딪혀 쓰러진 아르헨티나 남극 물자 운반선 바이아 파라이소*Babia Paraiso*호가 주변 환경에 미치는 영향을 연구했다. 사고가 났을 때 기름이 흘러나오면서 어미 가마우지가 죽어 꽤 많은 새끼 새들이 굶어 죽었다. 이제는 물이 많이 나가면 배의 허리가 보인다. 그 일은 남극의 환경 보호가 얼마나 중요하며, 순간의 실수로 엄청난 손실을 볼 수 있다는 것을 가르쳐 준 남극 역사에 남을 사건이었다. 배에 남아 있던 기름은 사고 몇 년 후에 잠수부들이 모두 빼냈지만, 선체는 아직도 남극의 바닷속에 누워 있다.

파머 기지는 관광선이 빼놓지 않고 찾아오는 곳이라 관광객에게 보여 주기 위해 불가사리, 해삼, 조개, 갑각류 같은 동물과 바닷말을 유리 수조에 키운다. 생물을 주로 연구하는 기지라서 크릴도 연구용으로 쓰기 위해 산 채로 큰 통에 담아 두었다. 우리가 찾아갔을 때는 부근에 있는 펭귄을 20년 이상 관찰하고 있다고 자랑했다. 남위 64도 46분, 서경 64도 03분에 있는 파머 기지는 1965년 1월에 현재의 위치에서 좀 떨어진 곳에 준공했다가 1968년 이리로 옮겨 왔

우리나라 연구원과 이야기하는 폴리 펜헤일 박사

다. 무엇이 마음에 들지 않았는지는 모르지만 대단하단 생각이 든다. 나중에 들은 이야기인데 미국은 파머 기지를 지으려고 놀랍게도 기지 후보지를 33곳이나 답사했다고 한다.

이곳에서 만난 미국의 남극 연구 분과 책임자 폴리 펜헤일Polly Penhale 박사는, 1989년 7월 미국 워싱턴 시에서 열린 세계지질학총회IGC에서 인사를 나눈 적이 있어 반가웠다. 펜헤일 박사도 한국 사람이 온다기에 나를 떠올렸다며 반갑게 맞아 주었다. 처음 나를 보고 "내가 만난 남극을 연구하는 최초의 한국 사람"이라고 혼잣말하는 것을 들었다. 그날은 일요일로 요리사가 쉬는 날이라서 박사가 직접 요리를 해 주었다.

파머 기지에는 배를 대기 좋은 부두가 있어 약 2000톤급 배도 직접 닿을 수 있었다. 한편 미국 정부는 1988년부터 남극의 환경을 보호하기 위해 모든 쓰레기를 태우지 않고 미국으로 실어가 재활용할 수 있는 것은 재활용하고 있다.

20시간 거리를 32시간 만에

오후 5시 15분 세종기지로 돌아오려고 파머 기지를 떠났다. 기지가 있는 앙베르Anvers 섬의 최고봉은 2760미터인 프랑스산으로 해면에서 봉우리까지 한눈에 보니 "정말 높구나" 하는 생각이 들었다. 구름에 가려진 산꼭대기가 잠깐 드러났지만, 워낙 높아 그런 생각을 하지 않을 수 없었다.

배는 앙베르 섬을 왼쪽으로 보면서 곧바로 남극반도에 붙어서 돌아와도 되겠지만, 이미 어두워졌으며 날씨도 나쁘고 암초도 많아 선장은 아예 넓은 바다로 나왔다. 섬과 남극반도 사이가 아니라 섬의 바깥쪽, 곧 서쪽 넓은 바다를 항해했다. 구조해 줄 사람도 없는 위험한 곳을 항해하는 것보다는 멀어도 안전한 길을 선택한 것이다. 파도는 3~4미터로

배에 부딪혀 갈라지는 파도(왼쪽)와 배에 부딪혔다가 하얗게 솟아오르는 파도(오른쪽)

높아 배의 앞쪽에서 하얗게 부서졌다. 어쩌다 큰 파도가 배를 제대로 때리면 강철로 만든 배가 '꽝' 소리를 내면서 크게 흔들렸다. 과연 파도의 힘은 대단하다. 선장은 미국 파머 기지를 떠날 때, 세종기지까지 거리가 470킬로미터이니 20시간 정도 걸릴 거라고 말했다. 그러나 1월 16일 새벽 2시가 넘어 포터 소만에 정박했으니 실제로는 32시간이 걸렸다. 바람에 인 파도 때문에 평소 속력의 반도 제대로 내지 못했기 때문이다.

돌아오는 내내 멀미로 고생했다. 처음에는 바람이 일어 배가 흔들려도 속이 괜찮아서, 가끔씩 배의 윗부분까지 들이치며 힘있게 갈라지는 파도 사진을 찍었다. 시간이 가면서 바다가 워낙 험하니까 속이 메슥거리기 시작했다. 이스텔라호가 1000톤 정도로 크지 않았고 바람이 워낙 세게 불었기 때문이었다. 영국 선원들은 멀미가 심하면 누워서 아무것도 마시지 않고 비스킷만 씹어 먹는 것이 멀미 퇴치법이라고 한다. 먹고 싶지 않아도 억지로 먹는단다. 그러나 한국 사람인 나는 그렇게도 하지 못하고 꼬박 누워서 시간을 보냈다.

남극반도는 안데스 산맥의 연속으로 산은 높고 험하며,

해안의 대부분은 암벽이나 빙벽으로 되어 있어 사람이 쉽게 가까이 갈 수 없다. 상륙이 가능해 보이는 몇 곳은 이미 아르헨티나와 칠레가 십자가나 방위 표지 또는 작은 건물들을 세워 그들의 흔적을 남겨 놓았다. 자신들이 먼저 올라왔으니 다른 사람은 오지 않았으면 좋겠다는 뜻이리라. 남극반도가 그나마 사람이 활동할 만하다고 하는데 다른 사람들보다 먼저 올라가기는 쉽지 않다. 역시 남극은 쉬이 사람에게 곁을 내주지 않는다는 생각을 떨쳐 버릴 수 없었다.

이스텔라호의 선장과 선원들은

테일러 선장은 항해하는 동안 두 눈을 부릅뜨고 레이더와 배가 진행하는 방향의 앞을 유심히 살폈다. 레이더에 뜨거나 쉽게 눈에 띄는 얼음 덩어리는 피할 수 있지만, 수면에 평행하게 떠 있는 납작하고 투명한 얼음은 바닷물로 착각하기 쉬워 눈으로 직접 감시하는 수밖에 없기 때문이라고 했다. 이 말은 남빙양으로 크릴이나 파타고니아이빨고기를 잡으러 가는 배의 선장이나 선원들이 새겨들으면 도움이 될 것이다.

선장은 남극 세종기지로 들어갈 때에 우리와 함께 승선

한 세종기지 체험단 학생들에게도 세심하게 대했다. 배의 항해 장치들과 그 기능을 친절하게 설명해 주었다. 우리나라는 이스텔라호를 빌렸던 1989~1990년에 남극 연구사상 처음으로 초등학교 교장 선생님 한 분과 중학생 두 명, 고등학생 한 명을 체험단으로 모집해 함께 남극에 갔었다. 그때 참여했던 학생들이 비록 지금 남극을 연구하지 않는다고 해도 어디서든 자신의 몫을 잘 해주고 있으리라 믿는다. 아마도 남극 체험은 그들이 세상을 살아가는 데 큰 도움이 되었을 것이라 생각한다.

선장의 딸이 여러 나라의 돈을 모은다기에 기념으로 만원짜리 한 장을 주었다. 그러자 그에 대한 영국 돈을 주겠다고 하기에 얼마 되지 않는다고 얼버무렸다. 미국 기지에서는 딸에게 선물한다기에 티셔츠도 한 장 사주었다.

이스텔라호에서는 조리 보조원이 탑승하여 끼니 때마다 음식을 갖다 주어 편안하게 식사를 했다. 그 보조원은 배를 타기 전에 취미로 새를 관찰하는 탐조회 회원이었다고 한다. 새를 워낙 좋아해 남극의 새를 보려고 생업도 잠시 접고 배를 탔단다. 그는 항해 내내 열심히 새들을 관찰했는데, 고향에 돌아가면 탐조회 회원들에게 남극의 새에 관한 강연을 하겠다는 의욕이 강했다. 그에게 날아가는 황새를 도안한 우리나라 우표를 보여 주었더니, "그 새는 그렇게 날지 않는다"고 했다.

손자들에게 줄 용돈 벌이를 위해 배를 탔다는 기관장은 일흔이 다 된 할아버지였다. 할아버지답게 우리 연구소의 젊은 연구원들이 부탁하는 일을 자상하게 도와주었다. 그는 늘 우리가 볼펜이나 휴지를 아껴 쓰지 않는다고 안타까워했다.

몸집이 큰 갑판장은 칠레 부두 노동자들이 "마냐나! 마냐나!" 하면서 일을 열심히 하지 않는다고 화를 냈다. 마냐나ᵐᵃñᵃⁿᵃ는 '내일'을 뜻하는 스페인 말이다. 하던 일을 마무리 하지 않고 "마냐나"를 외치는 것이 영 마음에 들지 않는 모양이었다.

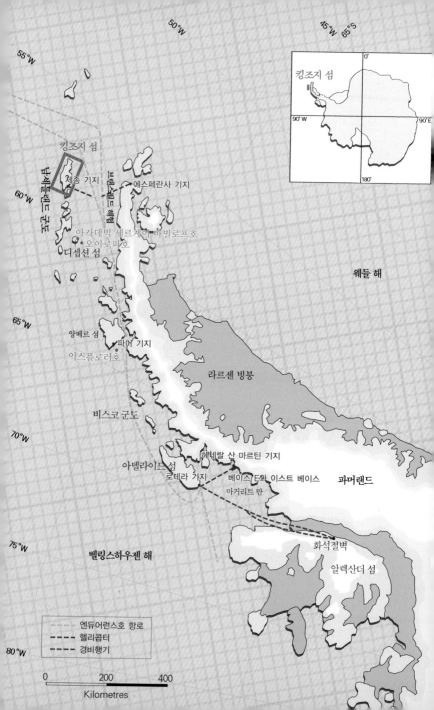

킹조지 섬

45°W 65°S

0°

90°W   90°E

180°

50°W

55°W

킹조지 섬

세종 기지

사우스셰틀랜드 군도

60°W

에스페란사 기지

브랜스필드 해협

아카데믹 세르게이 바빌로프호

오이로파호

디셉션 섬

웨들 해

65°W

앙베르 섬

파머 기지

익스플로러호

라르센 빙붕

비스코 군도

70°W

아델라이드 섬

헤네랄 산 마르틴 기지

로테라 기지

베이스 E와 이스트 베이스

파머랜드

마거리트 만

75°W

벨링스하우젠 해

화석절벽

알렉산더 섬

80°W

엔듀어런스호 항로
헬리콥터
경비행기

0   200   400

Kilometres

2

쇄빙선 엔듀어런스호를 타고
남극의 기지와 배를 검열하다

남극 기지 검열은 남극조약에 따라

1993년 1월 12일 아침 정각 아홉시, 상당히 흐린 날씨임에도 전날 연락해 온 대로 세종기지를 검열하려고 영국 해군의 헬리콥터가 굉음을 내며 모습을 드러냈다. 초록색과 붉은색을 적당히 섞어 칠한, 아주 탄탄해 보이는 헬리콥터는 영국 사람 두 명과 이탈리아 사람인 줄리아니Pietro Giuliani 박사를 태우고 왔다. 이번 남극 기지 검열단은 영국과 이탈리아 그리고 우리나라가 합동으로 꾸렸다. 검열단원은 영국 사람 세 명, 이탈리아와 우리나라가 각각 한 사람씩인데 우리나라 단원으로는 내가 참가하게 되었다. 검열단 책임자는 영국의 먼로 시브라이트Munro Sievwright이고, 검열단이 이용할 엔듀어런스Endurance호의 함장과 부함장도 검열단원으로 참여했다. 함장은 세종기지로 왔지만, 부함장 라비John Larby는 배를 지키느라 오지 못했다.

남극조약 제7조 1항에는 '자격이 있는 국가는 어느 나라라도 남극에서 하는 활동을 검열할 수 있다.' 고 되어 있다. 예를 들면 남극조약 협의 당사국이 남극의 연구 기지나 남극에 오가는 배와 비행기가 얼마나 남극 환경을 보호하고 안전한 항해를 하기 위하여 남극조약 협의 당사국들이 권유

하는 내용들을 잘 지키고 있는가를 검열할 수 있도록 한 것이다. 구속력이 있는 것은 아니므로 검열을 받지 않겠다고 거절할 수는 있다. 그러나 검열에 응하지 않으면 남극조약 협의 당사국들의 권유 내용을 잘 지키지 않는 것으로 오해받을 수 있고, 남극 환경을 지키는 일이 어느 한 나라의 이익을 위한 것이 아니므로 대부분은 순순히 협조한다. 그것이 바로 남극조약의 힘이 아닐까 싶다.

검열단은 보통 기지의 역사와 넓이, 연구원의 수와 연구 내용, 물자 운반이나 쓰레기 처리 방식, 대원과 기지의 안전 점검 같은 남극에 있는 사람과 그들이 하는 일, 그리고 그와 관계있는 모든 것을 기지 대장에게 직접 묻고 실제로 관찰하면서 검열한다. 검열단에 지적받는 것이 반가울 게 없으므로 누구나 신경을 써서 대비한다.

자격이 있으면 어느 나라나 검열할 수 있다고는 해도 스스로 교통편을 마련해야 하므로 남을 검열하겠다고 나서기가 쉽지는 않다. 이런저런 이유로 세종기지는 여러 차례 검열은 당했어도 다른 기지를 검열한 적은 없다.

검열선 엔듀어런스호의 함장이자 검열단원이기도 한 터너R.M. Turner 대령이 통신병들에게 무전기를 열어 놓으라고 지시해서 교신하는 무전 내용을 듣고 근처에 배들이 있다는 것을 알아냈다. 그렇게 해서 남극 전문 관광선인 익스플로러Explorer호, 미국 관광회사가 러시아에서 빌려 운영하는 아카데믹 세르게이 바빌로프Akademik Sergey Vavilov호, 남극에 처음 온 호화 유람선 오이로파Europa호도 검열했다. 이 검열에서 이 세 척의 배와 함께 상주 기지 11곳, 하계 기지 5곳, 현재 사람이 없는 기지 몇 군데를 검열했다.

검열에 나선 쇄빙선 엔듀어런스호에서는

엔듀어런스호는 노르웨이가 건조한 쇄빙선을 영국이 사들여 이름을 바꾼 배로 주로 물자를 운반한다. 사관 휴게

쇄빙선 엔듀어런스호에 깨어지는 남극의 해빙.

실에 진수식 때 아문센의 후손인 한 여자가 도끼로 포도주병을 매단 로프를 도끼로 잘랐다고 씌어 있다. 배의 주인이 영국 사람으로 바뀌었으니 없어도 될 텐데 전통을 사랑해서인지 그대로 남겨 두었다. 극지에 나오는 배답게 붉은 선체에 새하얀 상자형 상부 구조물이 눈에 들어왔다.

배에는 우리 검열단원 외에도 남극에 나온 배답게 남극에서 일할 여러 분야의 사람들이 타고 있었다. 그중에는 지질을 조사하러 온 영국 지질학자도 있었는데, 조수와 함께 현장에 나가면 보통 산에서 12주에서 14주를 머물며 조사한다고 했다. 그동안 먹을 것과 쓸 것을 모두 챙겨 가서 텐트에서 함께 생활하는데, 직접 썰매로 짐을 끌고 밥을 해 먹으며 그들만의 힘으로 지내야 한단다. 간혹 헬리콥터가 그들을 옮겨 주거나 배터리 같은 물건을 갖다 주고 채집한 바위와 광물이나 화석 표본을 싣고 가는 것 외에는 도움을 받을 수 없다고 했다.

조사 현장에서는 여자라고 예외가 없어 남자와 똑같이 행동하며 활동한다. 엔듀어런스호에서 만난 데보라 커비라는 여자 지질학 박사는 지질 조사를 하다가 뜨거운 물에 다리를 데어 배로 돌아와 치료를 받고 있었다. 치료가 끝나자

마자 자신의 남자 조수를 데리고 바로 현장으로 돌아갔다. 그들은 각자 커다란 배낭을 지고 그와 비슷한 크기의 짐을 하나씩 들고는 헬리콥터를 타고 떠났다. 그 모습을 본 이탈리아 검열단원이 "영국 여자 지질학자는 강해야 된다."고 중얼거렸다. 그 말에 크게 공감했다. 원자력 발전소 건설 때문에 우리나라에도 온 적이 있다는 그는 자신의 딸이 구조지질학자_{단층이나 습곡처럼 바위와 지층이 힘을 받아 생긴 구조를 전문으로 연구하는 지질학의 한 분야를 연구하는 사람}라서 느낌이 남다른 모양이었다.

배에 머물 때 그 영국 지질학자에게 "지질을 조사하면서 지하자원을 발견했느냐"고 농담을 했더니, 정색을 하며 "우리는 지질을 조사하는 것이지 지하자원을 찾는 것이 아니"라며 불쾌해 했다. 지질을 조사하다 우연히 자원을 발견할 수도 있을 터인데, 왜 그렇게 언짢아했는지 모르겠다. 그만큼 순수 학문만 한다는 뜻인가?

1월 24일은 스코틀랜드가 자랑하는 시인 로버트 번즈_{Robert Burns 1759~1796}가 태어난 지 234주년 되는 날이라 촛불을 켜고 상당히 격식을 갖추어 저녁을 먹었다. 원래는 25일이 생일인데 월요일이라 당겨서 먹었다. 번즈는 우리 귀에 익은 올드 랭 사인_{Auld Lang Syne}의 가사를 새로 쓴 사람이다.

그날 저녁 스코틀랜드에 우리 순대와 비슷한 하기스haggis라는 전통 음식이 있다는 것을 처음 알았다. 양의 밥통에 귀리를 넣었다는 점이 돼지 창자에 쌀을 넣는 순대와 다르고, 돼지 피와 야채를 함께 버무린다는 점은 같았는데 맛과 색깔이 비슷했다. 내 생각에 순대 같은 음식이 이탈리아에는 없는 것으로 보아, 순대는 아마 북쪽의 추운 지방 음식인 것 같다. 스코틀랜드 출신의 사관이 스커트 비슷한 전통 복장 킬트를 입고 나와 자기네 잔치를 축하했다.

배에서 만난 한 항공 장교는 자신은 한국 사람을 처음 만났는데 아버지가 6.25참전 군인이라고 했다. 아버지에게 "배에 한국 사람이 있노라"고 편지를 했더니 "한국은 대단히 추운 나라"라는 답신이 왔다고 말했다. 아마도 그 할아버지는 우리나라의 겨울이 기억에 남았던 모양이다. 참고로 6.25 때 영국군은 서부전선에서 중공군과 맞섰다.

그때 그 항공 장교의 부인이 임신 중이었는데 초음파로 찍은 아기 사진에 "나는 네가 태어나기 전에 봤다"라고 써서 벽에 붙여 놓아 웃음을 자아냈다. 한번은 그가 아주 피곤해 보이기에 "왜 그러냐"고 물었더니 "오늘, 6시간을 날았다"고 대답했다. 남극에서는 물자를 옮긴다거나 연구 활동을

남극반도 해안에 가까이 온 영국 해군 엔듀어런스호의 헬리콥터(왼쪽)와 엔듀어런스
호 비행 갑판에 착륙한 헬리콥터(오른쪽)

할 때 없어서는 안 되는 교통수단이 헬리콥터이다. 이를 조
종하는 항공 장교의 일이 많을 수밖에 없다. 남극으로 오는
대부분의 배가 헬리콥터를 싣고 올 만큼 남극 활동에서 헬
리콥터는 중요하다.

키가 크고 날씬한 몸을 가져 영국 신사처럼 생긴 터너
함장은 "평화시 영국 해군의 임무는 민간인을 돕는 것"이 신
조라고 하는데 그에 충실한 것처럼 보였다. 30년을 근무해
해군 대령은 되었지만 제독이 될 희망은 보이지 않는다고

말하면서도 속상해하기보다는 사실을 인정하고 받아들이던 모습이 기억에 남았다.

턱수염이 많은 부함장 라비는 고참 소령으로, 그도 검열단원이었으나 함장을 대신하여 배를 지휘하고 지키느라고 검열 활동에는 거의 참가하지 못했다. 그는 참모 장교들과도 사이가 아주 좋았던 것으로 기억한다. 검열선이 영국 국적의 선박이라 영국식 성공회 미사를 드렸지만 큰 관심은 없었다.

지금은 사라진 익스플로러호

1월 15일 오후 익스플로러호를 검열하러 갔다. 우리가 배에 올라갔을 때, 관광객들은 미국의 파머 기지를 구경하러 갈 준비를 하고 있었다. 정원의 2/3인 64명의 관광객을 태운 이 배는 남극 관광선답게 안전 설비가 잘 되어 있었다. 1980년대 킹조지 섬 애드미럴티 만에서 조난당한 적이 있

익스플로러호에서 검열단원이자 엔듀어런스호
함장인 터너와 함께 선 폴리 펜헤일 박사(가운데)

어 대비를 한 것일까. 배에서는 남극 환경을 보호하려고 쓰레기를 나누어 모으고 사진 필름에서 나오는 은 화합물 때문에 사진 현상을 하지 않았다. 또 1992~1993년 파머 기지의 하계 연구 대장으로 와 있는 폴리 펜헤일 박사를 초빙해 관광객들에게 남극 환경 보호 교육도 했다. 교육 내용은 남극을 공부하는 사람에게는 일상적이고 평범한 것이지만 남극에 처음 온 사람들에게는 신기했을 것이다.

폴리 펜헤일 박사와는 몇 년 전에도 만난 적이 있었다. 박사도 나를 기억하고 고무보트를 타고 일부러 배까지 찾아왔다. 미국 국립과학재단의 한 국局이었던 극지연구국이 재단책임자 직속의 부部로 격상되었으며, 전에 있던 극지 연구 책임자가 다른 곳으로 떠났다는 소식을 그때 전해 들었다.

그 배에서 바로 전해에 남극점에 있는 아문센-스콧 기지에서 월동한 미국인 여의사도 만났다. 스무 명쯤 되는 월동대원들이 모두 건강해서 할 일이 없어 무료해진 그 의사는 기계 기술자를 도우며 용접 기술을 배웠다고 했다. 의사가 용접 기술을 쓸 데가 많을 것 같지는 않지만 남극에서 긴 겨울을 나는 방법으로는 현명했다는 생각이 들었다. 앞의 젠투

스쿠아 한 마리가 거리낌 없이 사람이 서 있는 곳까지 날아들었다.

펭귄 이야기를 들려준 미국인 조류학자 웨인 트리블피스 박사 부부도 이 배에서 만났다.

날씨가 좋아서 배에서는 저녁으로 바비큐를 준비했다. 그런데 고기류는 소시지와 닭고기뿐이고 야채도 몇 종류 안 되었으며 빵과 쌀밥 정도였다. 관광선에서 내어 놓는 바비큐치고는 초라한 편이었는데, 생각해 보니 관광 막바지에 이른 배에는 식품이 그렇게 많지 않았을 것이다. 손님들은 싫은 내색 하나 없이 즐기는 것 같았다. 흑갈색의 스쿠아(도둑갈매기) 한 마리가 사람을 무서워하지 않고 가까이 날아왔다. 미국 기지 부근에 살면서 사람들이 해치지 않는 것을 알아 두려워하지 않는 것이리라.

덧붙이면 1969년에 건조된 익스플로호는 2007년 11월

관광선 익스플로러호는 우리가 검열한 지 14년 후에 남극에서 침몰했다.

22일 브랜스필드 해협에서 유빙과 충돌해 침몰했다. 다행스럽게도 관광객 100명과 승무원 53명은 모두 구조되었다. 익스플로호가 구조 신호를 보내자 부근에 있던 칠레 해군의 쇄빙선 콘트라알미란테 오스카 비엘*Contraalmirante Oscar Viel*호가 나타나 구조한 덕분이었다. 당시 익스플로호 선장은 유빙이 아니라 고래에 부딪힌 줄 알았다고 한다.

영국의 능력을 보여 주는 로데라 기지

1월 18일 남극반도 서쪽의 큰 섬 아델라이드 섬에 있는 영국의 로데라*Rothera* 기지를 찾아갔다. 영국의 남극 기지 가운데 가장 큰 기지로 약 80명의 사람이 있었다. 이 기지에는 1만 톤급의 배가 닿을 수 있는 부두 시설과 비행장이 있다. 만든 지 얼마 안 된 부두는 캐나다 회사가 지었다는데, 강철 판을 엮어서 박고 옆을 흙으로 채워 한눈에도 대단한 공사였을 것이란 생각이 들었다. 배가 옆으로 부두에 바짝 닿아 한 발만 건너뛰면 땅이었다.

기지에는 윌리엄 블록W. Block 박사라는 곤충학자가 남극의 벌레들이 어떻게 추위에 견디는가를 연구하고 있었다. 그는 벌레를 현미경으로 들여다보기도 하고 얼려 가면서 생리 변화를 확인하고 있었다. 이름을 모르는 곤충은 영국에서 자세한 곤충 그림을 팩시밀리로 받아서 대조해 가며 이름을 붙였다. 1만 3000~1만 4000킬로미터나 떨어진 영국에서 남극까지 실시간으로 자료를 보낸다는 사실이 그 과정을 알고 있어도 여전히 신기하기만 했다.

이곳의 젊은 의사도 환자가 없어 겨울을 보내면서 기계 기술을 배워 모터를 자기 손으로 만들었다. 남극에서는 의사도 기계 기술자가 된다!

기름 탱크는 기름이 샐 경우에 대비하여 글자 그대로 완벽한 준비를 해 놓았다. 기름 탱크 아래에는 기름이 새더라도 다른 곳으로 흘러나가지 못하게 방수 시설을 만들어 놓은 것도 모라자서 아래쪽으로 커다란 못을 만들어 만일의 경우 기름이 고이게 했다. 고인 기름도 새지 못하게 그 아래에도 방수판을 깔았다. 이렇게 치밀한 기름 유출 방지 시설을 보니, 세종기지의 기름 저장 시설을 보완해야겠다는 생각이 들었다.

우리가 검열을 나갔을 때는 남극환경보호의정서에 따라 개들이 모두 남극을 떠나기 전이라 로데라 기지에 개가 열아홉 마리가 있었다. 개는 사람의 오래된 동물 친구로 남극에서도 좋은 친구였지만, 원래 남극에 살지 않던 개가 들어오면서 전에 없던 미생물들도 가져올 수 있으므로 남극의 환경 보호에 좋을 리 없기에 1991년 10월 마드리드에서 열린 제11차 남극조약협의당사국 특별회의에서 내린 결론이었다. 그때는 영국 기지에 중요한 손님이 오면 으레 개썰매를 태웠다고 한다. 개의 족보를 벽에 일일이 붙여 놓았던 것이 지금도 기억난다.

마침 2000킬로미터 정도 떨어진 포클랜드 군도에 있는 영국 기지에서 수송기 C-130이 날아와 우편물과 신문을 주고 돌아갔다. 처음에는 두 대가 이륙해 한 대는 공중에서 연료를 공급하고는 돌아가고 한 대만 왔다. 로데라 기지에 비행장이 있지만 기체가 큰 수송기는 착륙할 수 없어, 낙하산에 물건을 매달아 떨어뜨렸다. 바다에 떨어진 짐을 대기하던 고무보트가 나가 주워 왔다. 선원들이 신문과 편지를 보며 한바탕 왁자지껄 소란을 떨었다.

로데라 기지의 부두와 비행장, 저유 시설과 쇄빙선 그리고 그렇게 멀리까지 물건을 갖다 주려고 큰 비행기를 두 대씩이나 보내는 것을 볼 때, 남극에 대한 영국의 관심과 능력을 알 만했다. 덧붙이면 2001년 겨울 로데라 기지에 불이 나서 안타깝게도 연구동이 다 타 버렸다. 연구동이 가장 크고 중요한 건물로, 영국은 남극 연구에 큰 타격을 입었다. 그러나 남극에 대한 영국의 관심을 확인이라도 하듯이 2003년 12월 로데라 기지의 연구동은 다시 문을 열었다.

헤네랄 산 마르틴 기지

1월 23일 아르헨티나의 헤네랄 산 마르틴General San Martin 기지를 찾았다. 아르헨티나를 스페인에서 독립시킨 산 마르틴 장군을 기념한 기지에는 그의 동상이 있었다. 산 마르틴 장군은 동상이 이 기지뿐 아니라 아르헨티나 여기저기에 있

헤네랄 산 마르틴 기지를 검열한 뒤 검열단은 기지 대장(오른쪽에서 두 번째 주홍색 옷)과 기념촬영을 했다(위). 기지의 지붕과 벽에 아르헨티나 국기가 그려져 있다(아래).

을 만큼 추앙받는 인물이다. 남극반도의 서쪽 남위 68도 07분, 서경 67도 07분에 있는 이 기지는, 남극반도 서쪽에서 현재 사람이 있는 기지 가운데 가장 남쪽에 있는 월동 기지이다. 더 남쪽으로 갈수록 날씨는 혹독해지고 바다가 얼어 1년 내내 사람이 가까이 가기 힘들다.

기지의 벽에 일본이 자랑하는 등산가이자 모험가인 우에무라 나오미植村直己의 사진이 걸려 있었다. 1982년 말 남극의 최고봉 빈슨매시프에도 오르고 남극 대륙도 종단할 계획으로 이 기지에서 겨울을 보낸 인연 때문이라고 한다. 그러나 그는 포클랜드 전쟁이 일어나는 바람에 그 꿈을 이루지 못했으며, 1984년 2월에 알래스카의 맥킨리 봉에 올랐다가 내려오는 길에 실종되었다. 기지의 사람들은 나오미의 이웃 나라 사람이자 올림픽을 개최했던 국가의 사람이라고 유난히 나를 반겼다.

기지에는 15명이 겨울을 나고 있었는데 얼음을 녹여 물을 만드는 시설이 있어서 "역시 가혹한 환경의 남극"이라 생각했다. 한편 기지 부근에는 남극 탐험에 오래 참여했던 아르헨티나의 군인이 죽으면 묻히겠다고 자리를 잡아 놓아, "남극을 사랑하는 사람은 다르다"는 생각이 들었다. 헤네랄 산 마르틴 기지는 크지 않은 2층 건물에도 비상계단을 두어 화재에 대비했다는 것을 알 수 있었다.

베이스 E와 이스트 베이스

1월 29일 금요일, 스토닝튼 섬에 있는 영국 기지 베이스 E와 동쪽을 뜻하는 미국 기지인 이스트 베이스남위 68도 11분, 서경 67도 00분를 찾았다. 평소라면 아주 가기 힘들었을 이 기지 두 곳을 남극 기지 검열 덕분에 다녀왔다. 스토닝튼이란 이름은 남극을 발견한 사람 가운데 한 사람인 미국의 물개잡이 선장 나다니엘 파머의 고향에서 따왔다고 한다.

영국의 베이스 E 기지는 1946년 2월에 완공되어 1950년 2월까지는 사람이 있었으나 이후에는 가끔 찾아오는 방식으

베이스 E를 검열하고 검열단장과 함께한 저자
장순근

로 1975년 2월까지 쓰다가 비워 둔 나무로 지은 2층 건물이다. 건물 두 동의 속은 어떻게 이렇게 말짱할 수 있을까 의심이 들 정도로 깨끗했다. 창문을 다 막아 바람을 잘 피해서 그렇겠지만, 실내도 아주 깨끗해서 정돈을 잘 해 놓고 떠났다는 기분이 들었다. 주방에 커피, 양념과 잼, 분유통이 있었다. 건물 바깥은 베니어합판이 벗겨져 있어 합성한 물품의 한계를 보여 주었다. 그러나 건물의 콘크리트 기초는 멀쩡했다. 이 기지는 1995년에 남극 사적지 64호로 지정되었다.

현관에 산 마르틴 기지의 이름이 쓰인 나뭇조각들과 아르헨티나에서 만들어진 음식물 깡통 들이 쌓여 있었다. 바다가 얼면 로데라 기지에서도 사람들이 찾아온다고 한다.

영국의 베이스 E 기지에서 200미터 정도 떨어진 곳에 있는, 폐쇄된 미국 기지인 이스트 베이스도 찾았다. 비록 사설 기지이지만 1939년에 지은 이스트 베이스는 미국 최초의 상주 기지였으며, 1991~1992년에 남극 박물관으로 개조되었다. 1948년 기지를 폐쇄할 때 남기고 간 물품들이 보존되어 가지런하게 정리된 모습에 깊은 인상을 받았다. 천장으로 채광이 되도록 하고 미국 국기와 방명록까지 준비해 놓아 상당히 신경을 썼다는 느낌이 들었다.

미국 사람들이 기지를 찾아오지 않을 때는 영국 사람들이 이 기지의 빈자리에 개에게 먹이던 물개고기를 두었다고 하는데, 그곳에서는 물개 비린내가 심하게 났다. 개썰매 팀이 있던 영국 사람들이 기지를 떠난 것이 1974년 8월이라고 하는데 냄새가 참 오래도 간다는 생각이 들었다. 개가 인간의 가장 오랜 친구라는 점도 있지만, 눈 위를 달릴 때에는 개썰매보다 좋은 수단이 없기 때문에 그때는 개썰매를 탔다. 한편 기지 바깥에는 전차를 개조해 탔던 것으로 보이는 설상차가 녹슬어 가고 있었다. 이 기지는 남극 사적지 55호로 지정되었다.

1947년 겨울 이 기지에서는 23명이 겨울을 보냈는데 그중 두 사람이 여자였다. 대장 핀 로네Finn Ronne의 아내이자 기자인 에디드Edith와 비행기 조종사 해리 달링튼Harry Darlington의 부인 제니Jennie로, 남극에서 처음으로 겨울을 보낸 여자들이다. 노르웨이 출신인 대장의 영어가 서툴러 신문기자 출신인 부인이 비서 구실을 하면서 홍보 기사도 작성했고, 당시 신혼이었던 조종사 부인도 트랙터를 운전하는 등 일을 잘했다. 조종사 부인은 책을 썼고 대장 부인은 잡지에 글을 기고했는데, 두 사람 모두 남극에서 고생이 심했던 것으로 보인다.

사람이 없는 영국과 미국의 두 기지는 모두 음산한 느낌이 들었다. 특히 밖에서 설상차가 시뻘겋게 녹슬어 가는 미국 기지가 좀 더 을씨년스러웠다. 미국이 이스트 베이스 기지를 지을 당시에는 스토닝튼 섬이 남극 대륙의 본토인 남극반도와 빙하로 연결되어 있었으며 그 후에도 꽤 오랫동안 그 상태가 유지되었다. 겨울이면 영국과 미국 탐험대는 개썰매를 타고 빙하를 지나 남극반도로 건너갈 수 있었다. 그러나 지금은 지구가 더워지면서 얼음이 녹아 완전히 섬이 되었다. 사람들이 떠나 비어 있는 기지이지만 검열은 할 수 있기 때문에 검열했다.

포씰 블러프 은신처를 찾아가

1월 30일 여름에만 사람이 있는 영국 남극 연구소 산하의 포씰 블러프Fossil Bluff로 갔다. "화석(이 나오는) 절벽"이라는 뜻의 이름에 걸맞게 퇴적암 지대로, 잘 발달된 지층이 뚜

렷해 그림처럼 아름다웠다. 지층에서는 조개 계통의 화석이 많이 나온다.

영국 기지에서 경비행기를 타고 도착한 은신처에는 네 사람이 머물 수 있는데 두 사람만 있었다. 그들은 2주 전에 도착했으며 일주일 후에는 떠날 예정이라고 했다. 여름에만 그 은신처에 머문다는데 로데라 기지와도 멀리 떨어져 있어서인지 아주 느긋해 보였다. 남극에서는 시간이 많고 신경을 쓸 사람이 없어서 대체로 행동이 느슨해지는데 유난히 느긋해진 느낌이 들었다. 응접실이자 기상 연구실이고 주방이고 현관인 은신처 안은 좁았고 침대는 시커멨다. 집기를 되는 대로 늘어놓은 것은 사람이 적어서 생기는 자연스러운 현상이다.

앞서 우리가 로데라 기지에 갔을 때에 경비행기 네 대가 연료로 쓸 휘발유를 몇 달째 안쪽에 있는 포씰 블러프 은신처로 옮기고 있었다. 일단 은신처로 옮겨 놓고 부근에 있는 다른 은신처나 얼음 위에 쳐 놓은 텐트로 기름을 가져다주기 위해서였다.

돌아오는 길에 고도 200미터 정도로 나는 비행기가 절벽 가까이 바짝 붙어 날아 딱 남극에서 죽는 줄 알았다. 얼마나 무서웠던지 입안의 침이 다 마르고 무릎에 힘이 쏙 빠졌다. 로데라 기지 근처에 와서도 기지 부근의 험준한 암봉을 곡예 비행하듯이 넘어 등골이 오싹했다. 그 부근을 여러 번 비행한 조종사의 기술을 믿지만 무서운 것은 무서운 것이다. 그래도 비행기가 떨어지면 나만 죽는 것이 아니기에 조종사가 아무리 나를 놀라게 해도 무서워할 필요 없다고 나를 안심시켰지만 무서움이 가시지는 않았다.

파머 기지

2월 2일에 미국 파머 기지를 검열했다. 나로서는 1990년 1월에 이어 두 번째 방문이다. 파머 기지의 대장은 앤 피플스Anne Peoples 씨로 40살 안팎의 여자였다. 회계사 자격을 가졌다는 피플스 대장은 흔히 하는 말로, "바늘로 찔러도 피한 방울 안 나올 것"처럼 똑똑하고 야무지게 생겼다. 보름 전쯤 익스플로러호를 검열할 때 만났던 파머 기지 남극 연구 총책임자인 폴리 펜헤일 박사 말을 들어 보면, 그 사람은 두 번의 도전 끝에 기지 대장이 되었다고 한다. 처음에 불합격시켰는데 두 번째 응모한 끈기를 보고 다시 잘 살펴보니 능력이 있는 것으로 판단되었다고 했다.

파머 기지에서 만난 켄 데이비스Ken Davis라는 미국 사람은 내가 한국 사람인 것을 알더니 매우 반가워했다. 콜로라도에 산다는 그는 아내Jeana Davis가 한국인이라고 했다. 그의 아내는 1975년에 서울대학교를 졸업했으며, 처남도 로스앤젤레스에 살고 있다고 했다. 그는 자신의 전화번호와 주소를 적어 주면서 미국에 오면 꼭 연락하라고 당부했다. 세상이 좁기는 좁은 모양이다. 그는 지구 끝 남극에 와서 부인과 같은 나라 사람을 만날 줄 몰랐을 것이고, 나도 우리나라 사람도 아니고 우리나라 사람과 결혼한 미국 사람을 만나리라고는 전연 생각하지 못했다.

관광선이 된 연구선 세르게이 바빌로프호

2월 4일에 검열한 러시아 과학원 소속의 해양음향학 전문 연구선 아카데믹 세르게이 바빌로프호는 러시아의 경제가 악화되면서 관광선이 된 배이다. 해양음향학海洋音響學은 바다와 대양의 음파를 연구하는 한편, 소리가 물속에서 전달되는 과정과 특성, 그 이용 가치를 연구하는 학문이다. 예를 들면 잠수함의 엔진과 스크루에서 나는 소리로 잠수함을 찾아내는 일을 하는 것이다. 이런 음향을 연구하던 배가 지금은 관광선이 되었다. 그래도 배 이름은 러시아의 학술원 회원이자 물리학자인 세르게이 바빌로프Sergey Vavilov 1891~1951 를 기념하고 있다.

이 배는 핀란드 조선회사가 1988년에 건조한 6600톤급 으로 중간 부분인 선복과 상부 선체가 하얀색이며, 승무원 44명과 관광객 65명이 타고 있었다. 높이 6~7미터쯤 되는 엄청난 크기의 음향학 연구 시설과 실험실 컴퓨터를 덮은 덮개에 쌓인 먼지를 보니 마음이 아팠다. 과학자로서 본연 의 용도로 쓰이지 못하고 돈을 버는 수단으로 내몰린 연구 선을 보는 마음이 편치 않았다.

마흔이 좀 넘어 보이는 선장은 근처 섬의 해안에서 발 견했다며 새것으로 보이는 진한 초록색 물고기 그물 두 틀 을 싣고 있었다. 근처 바다에서 크릴이나 물고기를 잡으려 고 쳐 놓은 그물이 바람에 밀려온 모양이다. 그런 그물에 펭 귄이나 해표가 걸려 죽을 수 있으므로 보는 대로 치워야 한 다. 대부분의 선장은 자신이 일하는 선교에는 말 그대로 관 계자 몇 사람만 드나들게 하는데, 이 러시아 선장은 그렇지 않았다. 덕분에 그 배의 선교는 관광객들로 북적거렸다. 젊 은 편이라 그런지 선장의 권위나 위신을 덜 찾는 그의 모습을 승객들은 반기는 눈치였다.

이 배에는 남극 사진을 찍는 세계적인 사진작가 콜린 몬티드Colin Monteath 씨가 타고 있었다. 그 이름을 익히 알고 있어 반갑게 인사를 나누는데, 옥색의 빙하 사진으로 만든 명함을 건네주었다. 1992년 남대서양의 남샌드위치 군도에서 찍은 사진이라는데 참 멋있다. 1996년에 발간된 『남극: 남빙양을 건너Antarctica; Beyond the Southern Ocean』 표지의 빙하 사진이 바로 명함 속 사진이다. 뾰족하게 녹은 아주 진한 옥색의 얼음은 아름다울 뿐 아니라 신비하기 그지없었다. 사진이 너무 좋아 두고두고 여러 번을 보아도 질리지 않았다. 그는 내가 한국 사람이라는 것을 알자, 북한의 원시림과 절이랑 불상을 꼭 보러 가겠다고 다짐했다. 그는 몇 달 후에 우리 검열단이 오가는 모습을 찍은 사진을 보내 주었다.

오스트레일리아의 사업가이자 탐험가요, 작가이자 사진사인 딕 스미스Dick Smith 씨도 그 배에서 만났다. 그는 갑부로 자신도 남극을 탐험했지만 다른 사람의 탐험을 도와주기도 했다. 예를 들면 요트를 타고 남극을 몇 번이나 탐험해서 20세기 후반 가장 위대한 남극 탐험가 가운데 한 사람으로 꼽히는 데이비드 루이스David Lewis 1919~2002가 1983년 동남극에서 월동했을 때 타고 간 요트 딕 스미스 익스플로러호를 그가 준비해 주었다. 자신도 경비행기를 타고 남극과 북극을 일주하고 책을 펴냈는데 사진이 대단히 좋다. 지금은 러시아 기지인 구소련의 어느 남극 기지에 쓰다 버린 비행기들의 잔해가 남아 있는 모습도 그 책에서 보았다.

이 배를 검열하다가 존 에드워드 자일스 커쇼John Edward Giles Kershaw 1948~1990가 1990년 3월 5일 영국 로데라 기지 동쪽에 있는 존스Jones 빙붕에서 죽었다는 이야기를 처음 들었다. 자일스 커쇼는 남극 전문 조종사로 1985년 11~12월 한국남극관측탐험에서 빈슨 매시프 등정반을 수송했던 사람이다. 자그마한 몸집에 구레나룻이 멋있고 모험을 좋아했다. 그는 자이로로 비행 연습을 하다가 기계 결함으로 추락해 사고를 당했다고 한다. 이때는 그의 사망 소식만 들었는데, 후에 세종기지를 찾아온 칠레 등산가이자 극지 전문 안내자인 알레호 콘트레라스Alejo Contreras 씨에게서 그가 존스 빙붕 부근의 블레이클록 섬 북동쪽 끝에 있는 높이 1180미터의 커쇼 산 기슭에 묻혔다는 이야기를 들었다. 자일스 커쇼는 영국 남극연구소 선임 조종사 출신으로, 남극 비행을 많이 해 미국의 내셔널 지오그래픽사가 그의 일생을 비디오로 만들기도 했다. 우리나라 교육방송EBS에서 방영하는 것을 본 기억이 있다. 그의 부인 앤 커쇼Anne Kershaw는 국제모험수송회사Adventure Network International를 운영하는데, 내가 네 번째이자 마지막 월동을 하려고 2000년 11월 28일 남극으로 갈 때에 그 회사 비행기를 탔다.

검열을 이해하지 못한 호화 관광선 오이로파호

2월 6일에는 전 세계를 일주하는 3만 7000톤급의 호화 유람선 오이로파호를 검열했다. 배가 너무 커서 디셉션 섬 안으로 들어가지 못하고 섬 밖에 정박한 채 원하는 손님만 고무보트로 섬안 해안까지 데려다 주고 있었다. 관광객을 530명이나 태운 그 배에는 승무원도 300명 가까이 되었다. 관광객의 평균 나이는 56세이고, 93세와 91세의 노부부가 가장 나이 많은 손님이었다. 호화 유람선답게 내부 구조와 시설은 눈에 번쩍 띄게 좋았다. 널찍하고 호화로운 계단, 샹들리에, 실내장식과 시설이 유난히 고급이었다.

배가 크고 겉으로 보이는 시설이 호화로운 데 비해 위험하고 생소한 남극의 자연조건에 대한 대비는 너무 소홀하여 승객의 안전에 문제가 생길 수도 있겠다는 생각이 들었

배가 커서 섬 안으로 들어가지 못하고 바깥쪽 바다 위에 떠 있는 오이로파호

다. 게다가 독일 사람인 선장은 남극조약에 따른 검열이 무엇인지를 전연 몰라서 "당신네가 무슨 자격으로 우리 배를 검열하느냐?"며 검열단에 내어 놓고 반감을 드러냈다. 또 남극환경보호의정서는 물론 특별보호구역이나 과학특별관심구역도 모르니 목록을 갖고 있을 리 없었다. 남극 환경 보호에 전혀 관심이 없어 보였다. 새로운 자연환경인 남극을 구경하러 왔고 생소한 생물이 있으니 관광 안내인에게 자연환경과 함께 설명하게 하면 되는 정도로 생각하는 것 같았다. 그러나 그것만으로는 부족하다. 예를 들면 자신의 배가 항해하는 지역에서 가까운 기지의 위치와 통신 주파수를 알

고 있다든지, 남극의 특별보호구역의 위치와 그곳에서 취할 행동 지침을 가지고 있어야 한다. 극한의 환경으로 들어오는 만큼 최소한 승객들의 안전을 위한 대책과 소중한 남극의 환경을 보호하는 조치들을 마련해야 하는 것이다.

관광객들이 폴란드의 아르토스키 기지가 있는 킹조지섬 애드미럴티 만과, 아르헨티나의 에스페란사 기지가 있는 남극반도 끝에 상륙하지 못했다고 하는 것을 보아 배가 너무 커서 두 기지에서 거절한 것이 아닐까 생각된다. 몇십 명이라면 몰라도 몇백 명이 한꺼번에 기지에 올라온다는 것은 반갑지만은 않다. 선장은 항해 시간표에 따라 이틀 전에 남극에 들어왔으며 곧 떠나겠다고 말하는 것이 검열단과 남극을 귀찮아하는 것 같았다. 선장의 태도는 마음에 들지 않았지만, 검열 기간 중 가장 호화로운 식사를 할 수 있었던 것과 선장 부인이 선물로 준 그 배의 모형은 마음에 들었다.

에스페란사 기지

2월 14일 마지막 검열로 남극반도의 끝에 있는 아르헨티나 에스페란사Esperanza 기지를 찾아갔다. 1952년 육군 상주 기지로 출발해 1977년부터는 가족들과 함께 지낼 수 있

가족이 함께 지내는 아르헨티나의 에스페란사 기지(왼쪽)에는 크기가 같은 여러 채의 집들이 흩어져 있다(오른쪽).

도록 증축한 기지이다. 오랜만에 꼬마들이 펭귄과 함께 노는 모습을 보니 부럽기도 하고 기분도 좋아졌다. 그곳의 아이들은 남극에서 어린 시절을 보냈다는 남다른 추억을 가질 수 있어 행복한 아이들이다. 사진을 보내 주겠다며 찍은 젊은 엄마와 아이들의 사진을 끝내 보내지 못해 그곳을 떠올릴 때마다 미안한 마음이 든다.

　이곳에서 1990년 11월 세종기지의 발전동과 창고를 짓는 물자를 운반해 준 아르헨티나 해군 알미란테 이리사르호의 파르미아니 함장과 장교 몇 사람을 우연히 만났다. 마침 기지를 방문한 장교 한 사람이 먼저 나를 알아보았다. 준장으로 진급한 함장은 아르헨티나의 남극 물자 운반 책임자가 되어 있었다. 영어를 못해 이야기는 나눌 수 없었지만 얌전

에스페란사 기지에 있는 돌집 _스웨덴 남극 탐험대의 하계 연구원 세 사람이 1903년 겨울을 지낸 집인데 지붕은 날아가 없어지고 돌담만 남았다.

한 성품은 2년 전이나 마찬가지였다.

　기지 한 모퉁이에는 남극 사적지 41호인 돌로 지은 집이 있다. 그 돌집은 1903년 하계 연구원으로 와서 배가 얼음에 갇혀 침몰한지도 모르고 돌아온다는 약속만 믿고 기다리며 세 사람이 겨울을 보낸 집이다. 지붕은 다 날아갔는데 돌벽은 남아 있어서 그들이 얼마나 튼튼하게 집을 지었는지를 알려 주는 동시에 그들의 어려움도 전하는 듯했다.

　그들의 탐험 이야기와 함께 남극반도 끝 동쪽에 있는 스노우 힐 섬에서 2년간 월동한 스웨덴의 오토 노르덴스쾰드 박사의 월동–침몰–상륙–생존–상봉–구조 이야기는 위

암벽과 빙벽으로 된 남극반도 서쪽 알렉산더 섬 해안의 황혼

대한 남극 탐험 이야기로 유명한데, 아직 우리나라에는 제
대로 소개되지 못해 안타깝다.

이 검열단 항해는 몇 가지 기록을 세웠다. 1월 30일에
찾아간 남위 71도 20분, 서경 68도 16분에 있는 포씰 블러
프는 그때까지 내가 가장 남쪽까지 간 기록이었다. 속으로
는 더 남쪽으로 내려갈 수 없었던 것이 섭섭했다. 그 기지에
있던 두 사람도 처음으로 한국 사람이 왔다면서 반가워했
다. 그곳 벽에는 우리나라의 남극 연구 스티커가 아직도 붙
어 있을 것이다.

오이로파호는 아르헨티나 쇄빙선보다 훨씬 더 커서 지금까지 타 본 배 가운데 가장 컸다. 로데라 기지, 헤네랄 산 마르틴 기지, 스토닝튼 섬의 이스트 베이스, 남극반도 끝의 에스페란사 기지, 파머 기지는 모두 좋은 곳이었다. 바다가 고요할 때는 수면이 그야말로 호수 같아서 뱃놀이를 하며 갑판 위에서 아름다운 남극 해안과 바다의 풍경을 구경했다. 알렉산더 섬 부근에서는 눈에 덮인 해빙 조각들이 그렇게 아름다운 것인지를 처음 알았다. 단지 그때 찍은 필름이 대부분 변색되어 사진이 몇 장 없는 것이 참으로 유감이다. 그래도 우리나라 사람이 처음으로 남극 기지와 관광선을 검열하고 보고서를 낸 일은 의미 있었다고 생각한다. 우리나라는 검열단이 사용할 배를 마련하지 못해 여태껏 다른 나라의 기지를 검열한 적이 없었다.

푼타 아레나스

티에라델푸에고 섬

우슈아이아

65°S

드레이크 해협

킹조지 섬

리빙스톤 섬

60°S

65°S

0   100   200

남극반도

3

폴라 듀크호 추억

웨들 해

비상 훈련은 원칙대로

제 11차 남극 하계 조사를 나섰던 1997년 12월~1998년 1월에는 1650톤의 노르웨이 쇄빙선인 폴라 듀크*Polar Duke*호를 빌려 사용했다. 원래 이 배는 미국이 물자를 운반하고 바다를 조사하려고 장기 계약을 맺었던 배인데, 그 계약이 끝나면서 시간이 생겨 우리가 빌릴 수 있었다. 배의 몸은 붉고 위 선체는 백색이며, 쇄빙선 특유의 상자식이었다. 이름은 익히 들어서 알고 있었지만 우리가 빌리고 타 보기는 처음이었다.

일반 해양 조사, 해양생물 채집, 해양 지구물리 조사 같은 현장 조사와 더불어 물자와 쓰레기를 운반할 목적으로 빌린 이 배는, 칠레의 푼타 아레나스가 아닌 아르헨티나의 우슈아이아에서 출발하기로 계약이 되어 조사단 연구원들은 우슈아이아로 갔다. 푼타 아레나스는 마젤란 해협 중간쯤에 있지만 우슈아이아는 그 남쪽 비글 해협에 있어서 남극의 세종기지까지 50시간 정도 걸리므로 푼타 아레나스에서 떠나는 것보다 왕복 이틀은 절약된다. 시간이나 비용면에서 이틀은 결코 짧은 것이 아니다.

배가 우슈아이아 항구를 떠나기 전, 바다가 상당히 험

출항을 준비하고 있는 폴라 듀크호

했으나 원칙대로 구명정을 물에 내려놓고 타는 연습을 했다. 그런 일은 없어야 하겠지만, 만약의 경우 배가 가라앉는다면 구명보트로 옮겨 타야 한다. 연구원들은 모두 크고 무겁고 불편한 고무 구명복으로 갈아입고 훈련을 했다. 구명복은 체격이 큰 외국인의 몸집에 맞추어 만들어져 우리 몸집보다 아주 컸다. 처음 입어 보는 것이기도 하려니와 몸에 잘 맞지도 않는 붉은 구명복을 입은 모습이 우스꽝스러워 서로를 보면서 웃고 떠들기에 바빴다. 훈련이라기보다는 노는 기분이었다. 한 팀이 구명정을 타고 훈련을 마친 뒤 우리가 탈 차례가 되었는데, 부두 책임자는 날씨가 나쁘다며 마이크로 훈련을 하지 못하게 했다. 스피커를 통해 흘러나오는 그의 목소리는 상당히 화가 난 듯했다. 선장도 날씨가 나

폴라 듀크호에서 구명복을 입고 함께 비상 훈련을 받는 두 저자 _장순근(왼쪽)과 강정극(오른쪽)

쁜 것을 모르지 않을 텐데 원칙을 철저하게 지킨다는 생각이 들었다. 사실 배를 타면 비상 훈련은 다 하지만 설명과 시범 정도만 보여 주지 실제로 구명복으로 갈아입고 구명정

을 타는 훈련은 받아본 적이 없었다. 그런 점에서 폴라 듀크 호의 승선은 새로운 경험이었다.

1997년 12월 21일 저녁, 배는 예정대로 우슈아이아 항구를 출발했다. 다음 날은 바람이 강하게 불어 파도가 들이치고 배는 심하게 흔들려서 뒤 갑판에 묶어 놓았던 무거운 장비들이 장난감처럼 왔다갔다 굴러 다녔다. 게다가 선원 한 명의 심장에 이상이 생겨 항구로 되돌아와야 했다. 바다에서 일하는 선원들은 건강해서 아프지도 않을 것 같았는데⋯⋯. 그래도 배가 돌아올 만한 거리에서 증세가 나타나서 다행이었다. 만약 남빙양 한가운데서 그랬다면 환자도 위험했을 터이고 현장 조사는 물론 물자 운반 같은 일도 뒤죽박죽이 되었을 것이다.

눈에만 띈다면

1월 23일 12시 반쯤 선원들이 일종의 비상 구명 훈련을 하는 모습을 우연히 보게 되었다. 날씨가 나쁘지 않아 갑판에서 바다를 보고 있는데, 갑자기 마이크에서 무어라고 하는 소리가 들렸다. 그러자 낯익은 선원 두 사람이 익숙하지만 잰 솜씨로 보트를 내리기 시작한 지 정확하게 3분 만에 바닷물에 내려놓았다. 보트는 바로 시동을 걸더니 1분 후에 미리 던져 놓은 것으로 보이는 구명용 부이를 건져 왔다. 훈련이 끝난 뒤에는 강평이 이어졌는데, 그날의 훈련에서는 무전기 3대 가운데 1대가 작동하지 않는 문제가 있었던 모양이었다.

선원들의 훈련을 보면서 느낀 것은 적어도 폴라 듀크호에서는 실수로 물에 빠지더라도 사람 눈에만 띄면 구조될 수 있겠다는 희망이었다. 그만큼 빠르고 정확했다. 구명용 보트의 시동이 한 번에 걸렸고, 미리 구명 훈련을 한다는 사실은 알았겠지만 언제 할지는 몰랐던 상태에서 경보가 울리는 순간 고무보트를 담당하는 선원들이 바람처럼 나타나 보트를 내렸다. 구명보트의 시동이 한 번에 걸리지 않았으면 남빙양의 찬 바닷물에 빠진 사람의 생명은 장담할 수 없는 일이다. 어디서 무슨 일을 하고 있었는지는 몰라도 순식간에 나타나 빠르게 구명보트를 내리는 선원들의 숙련된 모습에서 평소 얼마나 원칙대로 훈련해 왔는지가 느껴졌다.

남극은 감성을 자극해

폴라 듀크호에 승선했던 우리 연구원 중에 지질해양학

자인 박정기 박사가 있었다. 대학을 다닐 때 대학신문사 기자를 했다는 그는 과학자로서는 드물게 시를 쓰는 취미가 있었다. 처음 남극 세종기지에 온 감격을 그가 시로 적었다.

남극 초심 I

박정기

비조飛鳥의 시린 여운

파공이 얼어붙은 청공

잔풍殘風에 얼룩진 용봉의 산자락

산등성이 거친 풍상의 침묵沈默

옥색 빙원氷原의 차가운 미소

시린 물안개 속 희미한 여광餘光

용빙의 차가운 금속성 미성

옥색 빙섬 너머 한가로운 자맥질

닻 내리는 소리가 산채의 아침을 깨운다.

박 박사는 폴라 듀크호가 드레이크 해협의 거친 파도를 헤치고 나와 눈앞에 세종기지 앞바다인 마리안 소만이 나타났을 때, 지치고 피곤한 몸을 배의 난간에 기대어 뜨거운 커피를 마시고 있었다. 생전 처음 보는 세종기지 주변의 모습이 눈에 들어오는 순간, 마치 10년도 넘은 어느 겨울 해인사로 기억되는 산속 절에서 맞았던 아침과 똑같은 기분이 들었다고 한다. 옥색의 빙벽과 짙은 바다, 산자락 끝에 고즈넉히 앉은 세종기지……, 그 풍경이 전혀 연관도 없는 색다른 공간인 우리나라 산속 사찰의 겨울 풍경과 겹쳐 보인 것이다. 전혀 다른 공간이지만 그가 보고 느낀 감정은 같았던 것이다. 상큼하고 시린 공기, 눈을 크게 뜨고 둘러보아야 하는 풍광, 이전에 와 본 적이 없는 곳인데도 낯설지 않은 느낌. 이 모든 것이 눈보다는 마음느낌이 눈앞의 전경을 먼저 차지했기 때문일 것이다.

조사를 끝내고 나올 때는

우리가 폴라 듀크호를 빌려 쓰는 동안 승무원들은 사관 휴게실을 우리에게 내어 주었다. 대신 자기들 휴게실에는 출입을 하지 못하게 했는데, 그런 대접이 반갑지는 않으나 외국 배를 빌려 쓰다 보면 종종 있는 일이다. 배가 1000톤급으로 작으면 식사 시간을 조절하는 정도로 함께 쓰는데, 배가 좀 커지면 그런 제한이 생긴다. 예를 들어 내가 타 본 배가운데 1000톤급인 이스텔라호나 에레부스호에서는 그런 제한이 없었으나, 남극 연구와 물자를 운반하려고 빌렸던 4000톤이 넘는 유즈모게올로기야호*Yuzhmorgeologiya*에서는 러시아 사람들이 쓰는 식당은 우리가 갈 수 없었다.

조사를 마치고 돌아올 때는 파도가 그렇게 높지 않아 크게 고생하지는 않았다. 그래도 여자 과학자와 몇몇 사람은 멀미 때문에 식사를 몇 끼씩 굶는 것을 보았다. 그중의 몇 사람은 선실에서 나는 이상한 냄새 때문에 멀미가 더 심해진다며 이불을 가지고 휴게실로 나가 소파에 누워 시간을 보내기도 했다. 그런가 하면 상비약으로 나눠 준 멀미약을 잃어버리고도 전혀 개의치 않는 건강한 사람도 있었다. 항해하는 내내 평온한 상태를 유지하며 두꺼운 책을 읽었다. 바다도, 파도 높이도 같은데 반응하는 사람들의 모습은 여러 가지이다.

푼타 아레나스

우수아이아

55°S

드레이크 해협

엘리

킹조지 섬

브

리빙스톤 섬

60°S

65°S

남극반도

○ 처음 완더링 알바트로스를 만난 구간
● 이듬해 만난 구간

0   100   200

4

완더링 알바트로스를 확인하고

웨들 해

대단히 크고 하얀 새

제16차 하계 연구 기간2002~2003년에는 칠레의 푼타 아레나스에서 세종기지로 들어갈 때와 나올 때 왕복 20일이 넘는 짧지 않은 기간 동안 유즈모게올로기야호라는 러시아 배를 탔다. 1994~1995년 제8차 남극 해양 조사 기간에 처음 빌렸던 이 배는 이후 꽤 여러 차례 빌려 사용했다. 처음에는 하얀색 배였는데, 붉은 녹물이 흘러내리자 나중에는 배 전체를 빨갛게 칠해 버렸다. 원래 지질-지구물리 전문 조사선이었으나 러시아 경제가 어려워지자 외국에 빌려 주었다.

선원들은 대개 러시아 사람이었는데 친절했고 주방에서는 우리 입맛에 맞는 음식을 해 주려고 노력했던 기억이 있다. 함께 항해한 러시아 과학자 가운데 한 사람은 고등학교 물리 교사였다고 하는데 솜씨가 대단했다. 배에서 심해 사진기수중카메라를 만들었는데, 겉모습은 아주 투박해 보여도 사진은 잘 찍혀 성능이 대단히 좋았다.

유즈모게올로기야호를 떠올릴 때면 기분이 좋아진다. 배를 타고 세종기지에서 나올 때 말로만 듣던 완더링 알바트로스Diomedea exulans를 만나는 수확이 있었기 때문이다. 기지로 들어갈 때에는 닷새 만에 도착해서인지 그 새를 본 기억이 없었다. 어쩌면 그때뿐 아니라 전에도 그 새를 보았는데 몰라보았을지도 모른다는 생각이 든다. 2002년 12월 22일 배가 세종기지를 떠나 남위 59도 29분, 서경 59도 36분 부근을 항해하고 있을 때, 처음 보는 아주 크고 하얀 새가 나타났다. 책을 펴 놓고 아무리 찾아봐도 완더링 알바트로스 외에는 적합한 새가 없었다. 완더링 알바트로스는 남빙양과 아남극의 섬 지방에 주로 살며 몸집이 크지만 거의 날갯짓 없이 미끈하게 미끄러지듯 나는 모습이 일품인 알바트로스의 일종이다. 이 새가 남빙양의 바다 위를 유유히 날고 있었다.

완더링 알바트로스는 날아다니는 새 가운데 가장 커서 두 날개 끝 사이가 평균 3.1미터나 된다. 처음 이 새를 실제로 보았을 때 완더링 알바트로스라고 전혀 생각하지 못했다. 단지 아주 큰 새가 나타났다고 생각했을 뿐이다. 익히 책에서 보고 읽어 알고 있었지만, 직접 본 것이 워낙 오래되었기 때문이다. 찬찬히 책에서 여러 가지 특징을 찾아보니 완더링 알바트로스가 확실했다. 몸 전체가 하얗지는 않지만 등과 배, 머리는 하얗고 부리는 살색이었다. 날개와 몸 색깔로 보아 암컷이라 생각되었다. 이 새는 몸이 무거워 바람이

완더링 알바트로스

없으면 날지 못하고 바다 위에 내려앉는 습성이 있다. 평화스러워 보이는 비행 모습에 비해, 사람이 물에 빠지면 무자비하게 덤벼들거나 요트에 앉아 있는 사람을 날개로 쳐 바다에 빠트린 뒤에 공격하는 등 사나운 면모를 가졌다.

주로 남빙양과 북태평양에서 사는 알바트로스는 날개를 거의 치지 않고 미끄러지며 나는 모습이 멋지다. 알바트로스라는 이름은 '알 카두스' 또는 '알가타스'라는 아랍어가 유럽에 전해져 변한 것으로 '바다쇠오리'를 뜻하는 포르투갈어 '알카트라스'에서 유래했다. 바다쇠오리는 깃이 흰색이며 날개 끝은 검은색으로 북반구의 해안에서 산다.

뱃사람들은 알바트로스가 바닷물 위에 앉아 몸의 털을 손질하면 거센 폭풍이 올 것이라고 예상을 한다. 폭풍으로 파도가 심하면 바다 위에 내려앉을 수 없어 날면서 폭풍을 이겨 내야 하기 때문에 본능에 따라 털을 고르는 것이라 생각했기 때문이다. 또한 절대 알바트로스를 잡지 않는데, 조난을 당한 뱃사람들의 혼(魂)이 알바트로스가 되었다고 믿기 때문이다. 둘러봐야 눈에 보이는 것 하나 없는 망망대해에서 하늘을 유유히 나는 알바트로스를 자주 만나니 반갑기도 했을 것이고 그만큼 친숙하게 느껴져 동료의 혼이라 여겼을지도 모르겠다. 조난당한 동료 뱃사람을 기리는 뱃사람들다운 이야기란 생각이 든다.

완더링 알바트로스가 한번 눈에 띈 다음부터는 거의 매일 보였다. 처음 본 것이 2002년 12월 22일 저녁 먹기 전이었는데 다음날 저녁에 나타난 것은 날개 끝만 검은 것으로 보아 수컷이라 생각되었다. 24일에는 눈에 띄지 않았지만 25일과 27일에는 두 마리가 나타났다. 31일 저녁에는 네 마리나 나타났으며 2003년 1월 1일 저녁에는 네 마리가 넘었다. 남위 55도까지 줄기차게 보이던 완더링 알바트로스는 남아메리카 대륙에 가까워진 2일 새벽부터 전혀 나타나지 않았다. 배가 남극의 찬 바다를 지나 북쪽으로 올라왔기 때문일 수도 있으리라 생각했다.

완더링 알바트로스의 날개 아랫부분은 끝만 빼고는 하얗고 윗부분도 상당히 하얗다. 날개 위의 색깔이 끝에서

1/3 정도가 갈색인 개체도 있는데, 아마도 수컷으로 생각된다. 반면 암컷으로 생각되는 것 중에는 등만 하얀 것도 있다. 29일에 본 개체는 등과 몸이 주로 흰색인데 날개에 하얀 반점이 있었다. 또 다른 놈은 날개의 앞이 하얀색이어서 날개 전체가 하얗게 보였지만, 날개의 위는 상당 부분이 검은색이었다. 내가 참고한『남극과 아남극의 새』에는 완더링 알바트로스가 크면서 몸의 색깔에 따라 표범 단계와 치오높테라chioptera 단계가 나타난다는 내용이 있었다. 표범 단계는 암수를 구별하지 않고 얼룩덜룩한 때이고, 치오높테라 단계는 다 큰 수컷의 날개 끝 아래와 위가 모두 검어지는 때이다. 자라면서 깃의 색깔이 바뀌는 새가 많은데 완더링 알바트로스도 예외는 아니었다. 이들은 다른 알바트로스보다 유난히 큰 편으로 검은이마알바트로스의 한 배 반이 넘는다. 내가 본 책에는 로이얼 알바트로스와 완더링 알바트로스를 현장에서 구별하기가

완더링 알바트로스의 표범 단계

어렵다고 적혀 있었으나, 나는 내가 본 것이 완더링 알바트로스라고 편안하게 생각하기로 했다.

이전에도 남빙양을 여러 번 오갔지만 이 새를 제대로 알아보지 못했다. 자주 눈에 띄는 새도 아니지만, 관심도 없었고 내가 이 새의 특징을 구별할 수 있는 능력도 부족했기 때문일 것이다. 이번 항해는 완더링 알바트로스를 확인한 것만으로도 충분히 의미 있는 항해였다고 자신한다.

남아메리카로 가까이 오면서 새들이 적어져

검은이마알바트로스는 날개 위가 진한 갈색이고 아래는 하얀색이며 머리가 하얗다. 새끼 때에 이마가 검다고 해서 이런 이름이 붙여졌지만 자라면 이마는 하얘진다. 책에 어린 것의 부리는 노란색이 아니고 검은색이라고 했는데, 검은색 부리를 한 개체가 한 마리 있어 어린 것도 섞여 있는 것을 알 수 있었다. 하얀색 개체

검은이마알바트로스

핀타도 페트렐

도 눈에 띄있는데, 서로 함께 잘 어울리는 것으로 보아 같은 종인데 돌연변이인 백변종白變種, albino으로 보였다. 바다 위에 수십 마리에서 많으면 백 마리 이상 앉아 있어서 모여 사는 것을 알 수 있었다.

　핀타도 페트렐은 남방 변종과 북방 변종이 있는데, 남방 변종은 날개에 큰 하얀 무늬가 있어서 구별된다. 실제로 그런 차이를 알아볼 수 있을 만한 개체도 있었지만, 보통 사람이 구별하기는 상당히 어렵겠다는 생각이 들었다. 새가 눈에 익은 사람은 아무것도 아니겠지만, 그렇지 않은 대부분의 사람은 구별하기가 쉬워 보이지 않았다. 그런 점에서 새 연구도 보는 사람의 눈에 좌우될 것이라는 생각이 들었다. 새들은 저를 보는 사람이 신기해서인지 몇 번씩 아주 가까이 배 쪽으로 다가왔다.

　흥미롭게도 남빙양에는 새의 종도 많고 수도 많았는데 남아메리카 대륙에 가까워지면서 급격히 줄어들었다. 그 많던 핀타도 페트렐과 검은이마알바트로스는 남위 55도를 넘자 갑자기 적어졌다. 대여섯 종을 넘어 열 종에 가깝던 종의 수도 겨우 한두 종으로 줄었다. 그나마 해안 가까이 가야 만날 수 있고 넓은 바다 위에는 없었다.

그만큼 남빙양에는 먹이가 많고 그 북쪽 바다에는 적은 것일까? 어쩌면 남위 48~61도 사이쯤에서 남쪽의 찬물과 북쪽의 덜 찬물이 만나는 폭 30~48킬로미터 정도 되는 남극 수렴선 때문일지도 모르겠다는 생각을 했다. 보통 그 선을 중심으로 날씨와 바다의 수온이 갑자기 바뀐다. 한마디로 남극 수렴선을 중심으로 날씨는 흐려지고 추워지며, 남쪽으로 갈수록 물이 차가워져서 진짜 남극이 시작되는 것이다. 환경이 바뀌니 자연히 그곳에 사는 동물도 바뀐다. 눈으로 보아서는 똑같은 바다이기 때문에 구분할 수 없지만, 새의 수와 종이 갑자기 변하는 것을 보면 적어도 새가 살기에 좋은 환경이 갑자기 나빠진다고 보아야 할 것이다.

푼타 아레나스 항구에서는 가마우지를 볼 수 있었다. 긴 목을 앞으로 빼고 바닷물에 가까이 붙어 쉬지 않고 재빨리 날갯짓을 치면서 날아가는 품이 영락없는 가마우지였다. 갈매기도 몇 마리 보였는데, 사진기가 고장 나서 완더링 알

남빙양에서 볼 수 있는 새 _완더링 알바트로스(위 왼쪽), 자이언트 페트렐(위 오른쪽), 검은이마알바트로스(아래 왼쪽), 회색머리알바트로스(아래 오른쪽)

바트로스를 포함해 눈에 띄는 새들을 한 장도 찍지 못했다.

완더링 알바트로스는 그 이듬해에 제17차 하계 연구2003 ~2004년를 위해 남극으로 갔을 때도 남위 56도 14분, 서경 63도 27분의 남빙양에서 다시 만날 수 있었다. 그 전해에 보았던 그 새들은 아니겠지만 날개와 몸의 무늬가 아주 비슷했다. 햇빛이 비치면 몸의 하얀색 부분은 눈처럼 새하얗게 빛났다. 한두 마리는 다음날 저녁 무렵 남위 58도 54분, 서경 58도 09분을 지날 때까지도 보였다. 그러나 배 가까이 오지 않아 근접 사진은 찍지 못했다. 그래도 말로만 듣던 큰 새를 남빙양을 항해하다가 만난 것만으로도 큰 기쁨이었다.

에레부스호 선장은

남빙양의 하늘을 나는 알바트로스를 보고 있자니 남극 연구 초기인 1990년 말부터 3년 동안 빌려 썼던 프랑스 해운회사 소속의 쇄빙선 에레부스Erebus호 선장이 생각났다. 이름이 알렉산드르 배제Alexandre Veyser였는데, 다재다능하고 용기가 있으며 유머 감각이 풍부했던 사람으로 호기심이 많아서 그런지 신기한 생물 이야기를 많이 알고 있었다.

그는 전문가나 가능해 보이는 완더링 알바트로스의 성

장 단계를 구분할 줄 알았다. 또 완더링 알바트로스가 총에 맞아 떨어진 자이언트 페트렐을 공격해 숨을 끊어 버릴 만큼 공격적이라는 말도 그에게 들었다.

한번은 호기심이 많은 마젤란 펭귄 한 마리가 자꾸 따라와 배에서 키운 적이 있었다고 한다. 그런데 무엇을 먹여야 할지 몰랐던 인도 요리사가 정어리 통조림을 일주일 동안 100통이나 먹였단다. 아무리 펭귄을 굶길 수 없어 먹였다고는 하지만 식품이 귀한 남극 항해에서 그런 일은 선장으로서 이해하고 받아들이기 힘들었다. 그는 펭귄과 함께 요리사도 배에서 내려 보냈다.

언젠가는 아프리카 시에라 레온 앞 해상에서 대왕오징어가 25미터쯤 되는 향유고래의 얼굴을 감싸고 있는 것을 보았다. 고래의 크기로 보아 오징어의 다리 길이가 7~8미터는 되어 보였다. 보통 대왕오징어의 크기는 12미터쯤 되는데 파리 자연사 박물관에는 다리와 머리 길이가 17미터인 표본이 있다고 한다.

사람들은 향유고래하면 보통 그 배 속에서 나오는 용연향을 떠올린다. 용연향은 향유고래의 먹이인 대왕오징어의 단단한 주둥이 같은 이물질이 고래 배 속에 모여 썩은 덩어리이다. 용연향은 색깔과 향이 다 다른데 소금 냄새, 짐승 냄새, 흙냄새가 나는 것이 있는가 하면 허연 덩어리는 달콤한 냄새나 바닐라 향이 나기도 한다. 처음에는 냄새가 역하지만 바닷물과 공기를 접하면 사향 냄새가 난다. 이것이 향료의 원료로 사용되면서 횡재에 가까운 비싼 값에 팔리자 사람들이 욕심을 부려 향유고래는 위기에 처해 있다. 전에는 향유고래가 용연향을 뱉어 낸다고만 알려져 있었으나 배설도 하는 것으로 확인되었다. 최근에는 고래를 잡지 못하게 되자 용연향을 합성한다.

이외에 물개, 해표 같은 바다생물에 대한 이야기도 들은 기억이 있다. 그 선장은 남극을 많이 항해하고 자연에도 관심이 많아 남극 생물에 관한 지식과 상식이 풍부했지만, 아마추어라 한계가 있었다. 예를 들면 그가 파란 페트렐이라고 알려 준 새가 알고 보니 남극풀마갈매기였다.

5

남극 대륙에
우리 기지 지을 곳을 찾아서

남극 대륙에 기지를 세우려고

우리나라는 세종기지를 완공하고 나서 1990년대 초부터 이미 남극 대륙에 제2 기지를 지을 계획을 세웠다. 남극 반도 끝의 섬을 벗어나 남극 대륙 자체를 연구할 의욕과 필요가 생겼기 때문이었다. 그러나 계획이 순조롭게 진행되지 못하고 지지부진하다가 2000년대에 들어서야 본격적으로 추진되었다. 답사를 거듭하던 끝에 마침내 2010년 3월 우리가 건조한 쇄빙선을 타고 답사한 동남극 빅토리아 섬 테라노바 만 연안에 제2의 남극 기지를 짓기로 결정했다. 이 기지가 바로 지금 건설하고 있는 장보고기지이다.

극지연구소에서는 장보고기지의 위치를 결정하기 전에 여러 차례 후보지 답사를 나갔다. 예를 들면 일본 기지와 오스트레일리아 기지 부근을 답사했는데 우리 기지를 세울 만한 데는 없었다. 터가 너무 좁거나 이미 다른 기지가 올라가 있었기 때문이었다.

남극 기지 후보지를 답사하러 나섰던 것은 2008년 1월의 일로, 그달 중순부터 약 한 달 동안 동남극 빅토리아랜드의 북쪽 지역과 서남극 마리버드랜드를 중심으로 둘러보았다. 배편이 마땅치 않아 러시아 배를 얻어 타고 새로운 남극 기지 터를 찾아 나섰다.

2008년 1월 12일 토요일 오전 8시 50분 대부분의 답사반 사람들은 호주 멜버른 공항에 도착했다. 비행기가 착륙했을 때 그곳 기온은 섭씨 15도였고 날씨가 맑아 하늘은 새파랗고 공기도 상쾌해 기분이 좋았다. 아침신문에 인류 역사상 처음으로 1953년 5월 29일 에베레스트 산에 올라갔던 뉴질랜드의 에드먼드 힐러리 경Sir Edmond Hillary 1919~2008년이 세상을 떠났다는 기사가 실렸다. 그는 1956~1958년 영국 연방이 남극 대륙을 종단했을 때에도 참가해 로스 섬에서 남극점까지 갔었다. 다른 기사로는 오스트레일리아가 남극까지 비행기를 운항한다는 소식도 실려 있었다. 비행기 운항이 뭐 대단해서 기사를 내냐고 생각할 수도 있겠지만, 남극 비행은 얼음 위에 이착륙할 수 있는 비행기와 그런 조종 경험이 있어야 가능하다. 그런 점에서 남극에서 비행기를 운항한다는 것은 대단한 경험과 실력과 예산이 있어야 하므로 충분히 기삿거리가 된다.

러시아 배를 타고

1월 14일 오전 답사반은 호주 멜버른 항에 정박해 있는 러시아 내빙선 아카데믹 페도로프*Akademik Fedorov*호에 올랐다. 러시아의 제53차 남극 탐험으로 계획된 두 번째 항해에 편승해 가기로 했기 때문이다. 내빙선은 얼음을 깨면서 앞으로 나아가는 쇄빙선과는 달리, 이름 그대로 얼음에 견디는 배로 얼음 조각을 밀어내면서 앞으로 간다. 당연히 배의 양쪽 옆구리가 강하다. 한때 쇄빙선으로 잘못 알려졌던 아카데믹 페도로프호는 1987년 핀란드의 라우마 레폴라사가 만들었다. 길이 141.3미터, 폭 23.5미터, 배수톤수 1만 6200톤에 크고 작은 엔진이 각각 2개씩 있으며, 전체 추진력은 1600만 와트, 최대 속도는 16노트였다.

선장은 허연 수염이 난 뚱뚱한 할아버지인 미하일 세르게이비치 칼로신Michail Sergeyvich Kaloshin이었다. 러시아는 소련 연방 해체 이후 폐쇄했던 남극 대륙의 기지 두 곳을 경제가 나아지면서 다시 개설하기 위해 2008~2009년 여름부터 남극 탐험단을 꾸렸다. 이번 항해는 그들이 기지를 닫은 지 근 20년 만에 다시 찾아가는 길로 일종의 예비 조사였다.

우리는 선실을 배정받고, 식사와 침구 교환, 갑판에서 지켜야 할 규칙을 포함한 선상 생활에 관한 안내를 받았다. 예를 들면 우리나라 사람은 5번과 6번 식탁에만 앉아야 하

멜버른 항에 정박한 러시아 내빙선 아카데믹 페도로프호

고(나중에 보니 러시아 사람들은 항해하는 내내 개인 자리를 정해 놓고 늘 같은 자리에 앉았다.) 호루라기를 불거나 뛰지 말고 조용히 해야 하며, 미끄러질 위험이 있으므로 갑판에서는 슬리퍼를 신어서는 안 된다. 침구는 열흘에 한 번 직접 교환해야 하고, 선교에는 올라오지 말라는 것 들이었다.

16일 오후 9시 반 꼬박 이틀을 머물렀던 멜버른 항을 출발하여 21일 01시 20분 남위 60도를 넘어 남극으로 들어왔다. 22일 저녁 섭씨 0.1도였던 기온이 23일 새벽에는 섭씨 영하 2.5도로 떨어졌고 수온도 영하로 떨어진 것을 보면 밤중에 남극 수렴선을 지난 것으로 보인다.

레닌그라드스키야 기지는

1월 23일 오후 조사선은 얼음이 너무 많아 더 이상 나아가지 못하고 동남극 발레니Balleny 군도 부근에 멈추어 섰다. 배가 멈춘 곳은 남위 69도 30분, 동경 159도 23분에 있는 러시아 레닌그라드스카야Leningradskaya 기지에서 북동쪽으로 208킬로미터 정도 떨어진 곳이었다. 1971년 2월 25일 준공된 이 기지는 한때 20명 가까운 사람들이 머물며 기상 같은 지구과학을 연구했었지만 그때는 닫혀 있었다.

25일 오후 답사반의 몇 사람이 프로펠러를 결합해 시운전을 마친 초록색 헬리콥터(M1–8형 모델, 정원 30명)를 타고 레닌그라드스카야 기지로 갔다. 기지는 얼음 평원 사이로 해발 300미터 정도에 길이 300미터, 폭 50미터가량 노출된

남극 대륙을 연구하는 데 헬리콥터는 반드시 있어야 하는 운송 수단이다.

레닌그라드스카야 기지는 암반 언덕의 남쪽 비탈에 있다(위). 레닌그라드스카야 기지 부근의 얼음 평원(아래)

레닌그라드스카야 기지는 러시아 기지 특유의 초록색 건물들이 세워져 있다.

비스듬한 절벽 위에 자리 잡고 있었다. 다녀온 이들의 사진을 보니 직육면체의 초록색 건물들이 서 있는 모습이 러시아 기지다웠다. 절벽 아래에서는 버려진 드럼통들이 삭고 있었다. 기지에서 뉴질랜드 동전이 발견되었다는 말을 나중에 들었는데, 언제인지는 모르겠지만 뉴질랜드 사람들이 왔다갔다는 뜻이다. 근처를 지나가다가 기지가 비어 있다는 사실을 알고 호기심이 일어 헬리콥터로 다녀갔을 법하다.

같은 날 오후 8시 40분 다시 출발한 배는 해빙을 피해 북쪽에서 북동쪽으로 올라갔다.

26일에는 얼음 조각이 거의 없는 남극권남위 66.5도을 따라 동쪽으로 항해해서 발레니 군도의 북쪽을 지났다. 바다에 알록달록한 핀타도 페트렐, 푸르스름한 남방풀마갈매기,

남극의 펭귄(왼쪽), 해표(가운데), 지의류(오른쪽)

부리와 다리를 빼고는 온몸이 새하얀 스노우 페트렐과 함께 이름을 모르는 검은 새들이 보였다. 얼음 위에는 아델리펭귄이 있었으며, 황제펭귄을 보았다는 사람도 있었다.

아델리펭귄은 남극에 가장 많은 펭귄답게 답사하는 동안 내내 보였다. 새끼의 털갈이가 거의 끝날 무렵이라 곧 물로 뛰어들 태세였다. 세종기지에서 흔히 보았던 젠투펭귄과 턱끈펭귄은 전혀 보이지 않았는데, 이들은 주로 남극반도 일대에 살기 때문이다. 한 선원이 킹펭귄을 보았다고 해서 의심하는 눈치를 보이자, 자신은 남극에 여러 번 왔기 때문에 킹펭귄과 황제펭귄을 분명히 구분할 수 있다고 자신하는 것으로 보아 제대로 보았을지도 모르겠다고 생각했다. 황제펭귄은 뚱뚱하고 점잖게 걸어 멀리서도 쉽게 알아볼 수 있는 반면 킹펭귄은 황제펭귄보다 작고 몸집이 가늘다.

크랩이터해표와 표범해표는 가끔 나타났지만, 코끼리 해표와 남극물개는 전혀 보이지 않았다. 이들도 남극반도 일대와 아남극의 섬에 주로 살고 있다. 로스해표가 있을 것 같아 유심히 살펴보았지만, 없었거나 알아보지 못해서인지 눈에 띄지는 않았다.

해빙에 발달한 얼음조류^{藻類}는 황색이었으며 50~60센티미터 두께로 해빙 사이에 끼어 있었다. 킹조지 섬에서 보았던 얼음조류는 갈색이었는데, 색깔이 다른 것을 보면 다른 종이라 생각된다.

서남극에 들어와

1월 27일 일요일 점심 무렵 동경 174도 부근을 항해 중이라고 한다. 아직도 동남극이다. 저녁 6시 5분 "날짜변경선을 지난다"는 방송이 나왔다. 마침내 서남극으로 들어선 것이다. 밤 12시에 27일 00:00로 날짜를 변경해야 한다. 하루를 늦추어 27일 일요일을 두 번 보내는 것으로, 인생을 하루 더 사는 셈이다. 며칠째 영하였던 기온이 영상으로 올랐다. 배는 북쪽 바다를 항해하는지 바다에 얼음이 없었다. 회색머리알바트로스, 검은이마알바트로스, 핀타도 페트렐, 남극비둘기, 남방풀마갈매기, 남극 프리온 같은 새들이 보였다.

시간이 좀 지나자 빙산이 없는 바다를 다 지나왔는지 멀리 빙산이 3개 보였고 날씨는 좋아졌다. 완더링 알바트로스가 나타났고 탁상형 빙산도 보였다. 오후 9시에 1시간을 당겨 10시가 되었다. 배가 동쪽으로 항해하기 때문에 시간을 당겨야 한다. 적도에서는 경도 15도, 곧 거의 1700킬로미터를 가야 1시간을 당기지만 위도가 워낙 높은 이곳은 조금만 가도 시간을 당겨야 한다.

28일 새벽에는 얼음이 보이지 않았으나 아침을 먹고 나니 유빙 조각들이 늘어나고 멀리 빙산이 보였다. 다음 날 얼음 없는 바다에 높이 1~1.5미터의 너울과 백파^{바람에 하얗게 부서지는 파}가 일었다. 먼 곳에서 바람이 불어 큰 물결이 생기고 그 물결이 전해지면서 생기는 미끈한 파도가 너울이다. 먼 곳에는 탁상 모양보다는 불규칙한 빙산이 있었다. 오후에 눈이 왔는지 갑판이 젖었고 이름을 모르는 새들이 보였다. 27일 영상으로 올라갔던 기온이 오전에 영하로 떨어졌다가 오후가 되니 다시 올라갔다.

29일에도 멀리 빙산이 보이는 바다를 지나갔다. 눈이

멀리 남쪽으로 아련히 보이는 빙붕이 로스 빙붕으로 그 크기가 거대해 파노라마 사진으로 찍었다.

날리는 것으로 보아 기온이 그렇게 낮은 것 같지는 않다. 기온은 저녁에 다시 영하로 떨어졌다.

30일 남극권을 따라 다음 목적지를 향해 항해하던 아카데믹 페도로프호는 남위 70도, 서경 136도 부근에서 목표를 미국 맥머도 기지남위 77도 51분, 동경 166도 40분로 바꿨다. 며칠 전 급성 충수염을 수술한 선원의 상태가 좋지 않아 미국 기지로 옮기기 위해서였다. 우리는 발레니 군도에서 왔던 거리와 거의 비슷한 거리를 돌아가야 했다.

1월의 마지막 날, 얼음 없는 바다에 눈이 왔으며 바람이 약해서 바다가 잔잔해졌다. 새들이 거의 보이지 않다가 저녘에 아델리펭귄과 낯익은 남방 자이언트 페트렐이 눈에 띄었다. 바다에 얼음 덩어리가 많아졌다.

2월 2일 낮, 남쪽으로 멀리 로스 빙붕이 보였다. 빙붕은 땅에서 바다로 밀려 내려와 바다 위에 떠 있는 두꺼운 얼음판으로, 빙붕 가운데 로스 빙붕이 가장 크다. 50미터 정도의 얼음 절벽이 바다 위로 끝없이 펼쳐지는 로스 빙붕은 남극의 가혹하고 신비한 자연환경을 잘 보여 준다. 로스 빙붕은 그 자체가 장관이다. 그렇게 두꺼운 얼음판인데도 단단하지는 않아 절벽 가운데에 갈라진 틈이 눈에 띈다. 빙붕은 아무리 두꺼워도 바닷물에 떠 있기 때문에 밀물과 썰물에 따라 오르내리고 파도에 흔들리면서 깨어진다. 오후 2시 26분 기온이 섭씨 영하 12.5도까지 떨어져서 항해 기간 중 가장 낮은 온도를 기록했다. 그만큼 남쪽으로 왔다는 뜻이다. 수온은 섭씨 영하 0.6도로 그렇게 낮지 않았다. 항해 기간 중 가장 낮았던 것이 섭씨 영하 1.7도였는데, 그 전후 수온이 아주 높아 과연 정확한 수온인지 의구심이 들었다.

2일 오후 늦게 맥머도 기지에서 200킬로미터 정도 떨어진 곳에 배를 멈추고 헬리콥터로 환자를 기지 병원으로 옮겼다. 마침 오스트레일리아에 사는 러시아 여자가 있어서 미국 기지에서도 의사소통에 문제는 없었다고 한다. "환자가 오후 9시에 미국 기지에 잘 도착했다"고 안내 방송이 나왔다. 이때 배가 멈춘 곳은 180도 경선에서 몇 킬로미터 서쪽이었다. 경도 180도를 넘으면 좀 더 가까이 갈 수도 있었지만, 날짜를 바꾸어야 하는 번거로움이 있어서 그 선은 넘지 않았다.

한밤중에 다시 항해를 시작해 다음 목적지로 가던 배는 4일 오후 늦게 초속 20미터가 넘는 강풍을 만났다. 가끔 뱃전을 넘는 파도에 얼음 조각들이 올라왔다. 배가 워낙 커서 크게 흔들리지는 않았다. 바람이 강해지자 뒤쪽 갑판으로 나가지 말라는 경고 방송이 나왔다. 그날 밤에는 해빙 조각으로 99퍼센트쯤 덮인 바다를 항해했다.

5일 새벽에는 얼음이 너무 많아 배가 뒤로 물러났다. 비록 얼음을 깨는 쇄빙선은 아니지만 1만 6000톤의 배가 물러나는 것을 보니 남극 얼음의 위용을 알 만했다. 억지로 앞으로 가려고 하다 얼음에 갇힐지도 모른다. 배 주위가 얼면 배는 꼼짝 없이 얼음에 갇히기 때문이다. 실제로 남극에서는 쇄빙선이나 관광선이 얼음에 갇혀 다른 쇄빙선이 가서 구조하는 일이 있다. 바다에는 크고 작은 빙산이 많았다. 줄잡아 배의 왼쪽에 60개, 오른쪽에 80개가 넘어 보였다. 온 바다가 빙산으로 덮인 것이나 마찬가지였다. 빙산의 모양도 다양해 반듯한 책상 모양이 있는가 하면 기울어진 책상도 있고 산 모양도 있다. 상상할 수 있는 모양이란 모양은 다 있는 것 같았다. 나중에 들은 말인데 이 배의 선장도 이렇게 많은 빙산을 본 적이 없다고 했단다. 스쿠아 한 쌍이 있는 것으로 보아 멀지 않은 곳에 먹이가 있는 것 같다. 여러 종의 페트렐도 보였다.

러스카야 기지는

6일에는 바다의 90퍼센트쯤이 얼음 조각으로 덮인 바다를 지나갔다.

7일 오전에 목표 지점인 남위 74도 46분, 서경 136도 51분에 있는 러스카야Russkaya 기지에서 50킬로미터 정도 떨어진 곳까지 왔다. 어림잡아 크기가 10×5킬로미터에 두께는 얇아도 1미터가 넘는 해빙 한가운데에 정박했다. 온 세상이 하얀 얼음뿐이다. 어디에선가 황제펭귄과 아델리펭귄이 나타나 아무리 얼음이 온누리를 지배해도 생명은 존재한다는 것을 보여 주었다. 한두 마리 또는 몇 마리씩 무리를 지어 지내는 황제펭귄은 대부분 배에서 멀리 떨어져 있어서인지 배에 관심을 보이지 않았다. 러스카야 기지는 1980년 3월 9일 준공되었다. 10명 넘는 사람들이 기상을 관측하고 극지 의학을 연구했으나 레닌그라드스카야 기지와 같은 해에 폐쇄되었다

7일 새벽 6시 34분에 영하 10.3도였던 기온은 오후 2시 50분에는 영하 6.4도로 올라갔으나 근래 들어 가장 낮았다. 기온은 낮아도 날씨는 아주 좋았다. 멀리 북서쪽으로는 대륙으로 생각되는 미끈한 얼음 능선이 보였다. 바람에 쌓인

러스카야 기지의 건물들도 러시아 기지임을 나타내듯이 초록색이다.

눈이 날리는 모습과 군데군데 빙산이 떠 있는 하얀 해빙이 아름다웠다. 하얀 해빙을 보고 있으니 남극 대륙은 국력이 없으면 올 수 없는 곳이라는 분명한 사실이 새삼 되새겨졌다. 사람의 의지는 필수 조건이고 얼음을 깨거나 얼음에 견디는 배와 헬리콥터 같은 장비를 살 수 있는 국력이 있어야 한다. 아무리 과학자들이 남극 연구가 중요하다고 강조해도 나라에 힘이 없으면 올 수 없다.

마침 오늘이 구정이라 녹차와 위스키를 나눠 마시며 이야기꽃을 피웠다. 9시 20분쯤 기지로 비행을 나갔던 헬리콥터는 1시간 후에 돌아왔다. 오늘 4회, 내일 4회 비행을 하는

러스카야 기지의 이모저모 _눈에 덮인 장비, 방향 표지판, 기지 건물들과 답사반이 타고 간 헬리콥터가 보인다.

데 우리는 일곱 번째라고 한다. 몇 번째이든 날씨가 좋아 다녀올 수만 있으면 된다. 러시아 사람들이 기지 부근에서 비행기가 내리고 뜰 수 있는 파란 얼음blue ice을 찾아냈다. 그만큼 비행기는 남극에서 없어서는 안 되는 이동 수단이다. 배는 해빙에 붙여 놓았는데 해빙을 따라 조금씩 움직여 선체가 얼음에 긁히는 소리가 끊이지 않았다. 밤 10시쯤 기온은 영하 8.2도로 떨어지며 추워졌다.

8일 오후 답사반은 1시간 동안 러스카야 기지에 올라 기지와 그 일대를 훑어보았다. 기지는 높이 110미터에서 150미터로 그렇게 높지는 않았으나, 평탄하지도 않고 공간도 넓지 않았다. 러시아 기지 특유의 초록색 직육면체 건물을 여기저기 여러 채 세워 놓아 꽤 고생을 했을 것 같다. 건물들이 깨끗해 지은 지 오래 되었다는 생각이 들지 않았다. 녹슨 설상차가 보이는 것을 보면 넣어 둘 차고가 없었던 모양이다. 기지의 수원지인 못은 꽁꽁 얼어 있었다.

오늘 오전 기지에 왔던 러시아의 여자 생물학자는 160마리가 넘는 아델리펭귄 새끼를 셌다고 한다. 어미들은 바다로 먹이를 잡으러 가고 새끼들이 유치원을 만들어 모여 있어서 일일이 헤아린 모양이다. 새끼의 수가 그 정도라면 최소한 그보다 1.5배가 넘는 어미들이 있을 것이라 생각된다. 물론 그들을 노리는 도둑갈매기도 근처에 있었다.

러스카야 기지에서 남쪽으로 10~20킬로미터쯤 떨어진 곳에 평지가 보였다. 가운데 한 곳은 높지도 않고 평탄해 보여 건물을 짓기에 어렵지 않고 물도 있을 것 같았다. 그러나 교통편이 없어 다녀올 수 없었던 것이 못내 안타까웠다. 우리 마음대로 러시아 헬리콥터의 운항 계획을 바꿀 수 없을 뿐더러 러시아 사람들도 그럴 생각이 없었기 때문이다.

토요일인 9일도 날씨가 좋았다. 이곳에 오기 전에는 날

러스카야 기지 남쪽으로 평편한 땅이 아주 멀리 보인다.

씨가 매우 불규칙하다고 들었는데, 우리가 와 있는 동안은 예외였나 보다. 7일 새벽 도착한 이후 내내 날씨가 좋았다. 황갈색의 자이언트 페트렐과 새하얀 스노우 페트렐이 날아다니고, 바다 얼음 위에는 크랩이터해표와 아델리펭귄, 황제펭귄이 얼음을 즐겼다.

10일 아침 배의 양쪽으로 110개가 넘는 빙산들을 보면서 동쪽으로 항해했다. 오후에도 비슷한 숫자의 빙산들이 보였다.

11일 안개는 심했지만 얼음이 보이지 않아 어제 빙산이 많던 바다는 빠져나온 것으로 생각되었다. 빙산은 보이지 않았으나 잘게 부스러진 얼음 조각들이 바다를 덮고 있었다. 큰 얼음 덩어리가 여러 번 부딪혀 깨어져 생긴, 크기가 비슷한 자잘한 얼음 조각들이 물결의 힘으로 모이는 것 같았다. 이토록 많은 조각들이 녹지 않고 모일 수 있다는 것이 신기하다. 잠깐 모습을 감추었던 빙산이 다시 보이기 시작했고, 크기는 작지만 고른 해빙 조각들인 브래쉬 아이스^{brash ice}도 보였다.

12일 날씨는 아주 좋아졌다. 스노우 페트렐과 남극페트렐이 나타났다. 남극페트렐은 상당히 가까이까지 날아왔다.

크랩이터해표(위), 아델리펭귄(가운데), 황제펭귄(아래)

남극페트렐(왼쪽)과 스노우 페트렐(오른쪽)

처음 보는 새이지만 책에 있는 모습과 똑같아서 한눈에 알아볼 수 있었다. 크랩이터해표와 표범해표, 웨델해표, 아델리펭귄도 모습을 보여 주었다.

앞이 보이지 않아

2월 13일 새벽 배는 월그린 해안의 파인섬 만^{Pine Island} Bay까지 와 10킬로미터가 족히 넘을 큰 해빙에 멈추어섰다. 날이 밝고 안개가 걷히자 헬리콥터를 타고 캐니스테오 반도를 정찰했다. 지형이 높고 두꺼운 얼음에 덮여 있어서 깊은 크레바스가 발달해 있는 험악한 곳이었다. 크고 깊게 입을 벌린 크레바스는 보기만 해도 섬뜩하고, 땅이 드러난 곳이 한 군데도 보이지 않았다. 워낙 크레바스가 많아서 얼음 위

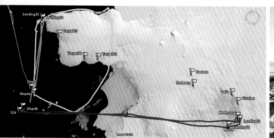

2012년 2월 13일 오전 캐니스테오 반도 일대를 답사한 헬리콥터의 비행경로. 랜딩(Landing)은 착륙 지점으로 02가 린지 섬이다. 스톱(Stop)은 배의 위치로, 정찰하는 동안 배는 스톱 4에서 4b로 흘러갔다(왼쪽). 린지 섬에 내린 헬리콥터(오른쪽)

에라도 건물을 지을 만한 곳이 없었다. 바다 가까운 곳이라 얼음은 상당히 빨리 흘러갈 것이다.

캐니스테오 반도를 정찰한 뒤에 린지Lindsey 섬에 내렸다. 미국의 남극 연구에 관계하는 사람들이 추천했다는 린지 섬은 지형은 평탄하고 낮았지만, 아델리펭귄이 섬을 점거하고 있어서 사람이 발을 들여놓아서는 안 될 곳이었다. 눈에 띄는 펭귄의 숫자만 줄잡아도 5000마리가 넘어 보이니 어미까지 합하면 많을 경우 1만 5000마리는 될 것이다. 그리고 눈으로 보기에는 물이 깨끗해 보여도 펭귄의 배설물에 오염되었다고 보아야 한다. 먹이인 펭귄이 있으니 어김없이 갈색스쿠아도둑갈매기가 나타났다. 새끼도 중닭 정도 크

114

기로 자랐는데, 사람을 피해 이리저리 돌아다녔다. 아마도 대부분의 스쿠아가 사람을 처음 보았을 텐데도 상당히 경계를 했다. 본능이란 참 무서운 것이다.

사람의 손길이 닿은 흔적도 있었다. 텐트와 접시 같은 그릇을 포함한 야영 시설이 남아 있었다. 사람들이 떠날 때에는 말짱했겠지만 텐트가 다 낡았다. 한쪽에는 수십 개의 드럼통이 시뻘겋게 녹슬어 있고, 황갈색 컵 하나를 주웠는데 햇빛에 노출된 부분의 색이 바래 햇빛과 시간의 위력을 실감나게 했다.

린지 섬에 기지는 짓지 못하겠지

린지 섬의 아델리펭귄(위), 이들은 좀 자라면 저희들끼리 모여 유치원을 만든다(두 번째).
린지 섬의 펭귄은 도둑갈매기의 먹이가 되는데 도둑갈매기에게 잡아먹힌 펭귄(세 번째)과 중닭 크기로 자란 도둑갈매기 새끼(아래)

만 그 일대의 기상 자료는 긴요하게 쓰일 것이라 생각해서
답사반은 자동 기상 관측 장치를 세웠다. 이 장치는 기온과
바람 같은 것을 측정해 인공위성을 통해 우리나라로 보내
게 될 것이다. 기상 관측 장치는 자주 와서 관리할 수 없으
므로 배터리를 많이 연결한 뒤 무거운 배터리의 위와 옆에
큼직한 돌덩이들을 올려 쌓아서 바람에 움직이지 않게 설
치했다. 그 후 이 장치는 해마다 배터리를 갈아 주어 지금

(2012년 12월 현재)까지도
자료를 보내온다. 앞으로
도 쇄빙선이 매년 그 앞바
다를 지나가게 될 것이므
로 린지 섬은 좋은 연구
지역이 되리라 믿는다. 그
날은 하루 종일 바람이 없
어 바다가 잔잔했다. 하얀
알비노 한 마리를 포함한
자이언트 페트렐과 아델
리펭귄, 황제펭귄이 눈에

린지 섬에 자동 기상 관측 장치를 세웠다.   띄었다.

14일은 날씨가 좋아 오전에 허드슨 산맥에서 빙원 사이로 노출된 모세산높이 749미터과 마이샤 누나탁얼음 가운데 솟은 땅을 정찰했다. 모세산의 남쪽 중턱 평지와 마이샤 누나탁의 남동쪽에 지면이 노출된 곳이 있어 각각 20분 정도 내렸다. 땅이 노출된 곳은 높았고 넓지도 않아서 각각 100×300미터, 200×400미터 정도 크기였다. 땅은 모두 현무암으로 덮였으며 부근에서 1980년대 중반에 화산이 터졌다.

모세산에서는 바람이 세게 불어 몸을 제대로 가누지 못할 정도였으며 눈은 지면에 평행하게 날렸다. 기온도 낮았겠지만 바람이 세서 더 추웠다. 대부분의 땅은 눈과 얼음에 덮여 있는데, 거뭇거뭇 드러난 땅이 바람의 세기를 말해 주는 듯했다. 얼음과 눈에 덮이지 않은 지역이 넓지 않아 조만간 모든 땅이 눈과 얼음으로 덮일 것이라 생각되었다. 한마디로 주변 풍광이 황량해 도저히 사람이 발을 붙일 수 있는 곳이 아니었다. 적어도 눈이 쌓이지 않은 땅이 어느 정도 있고 바람이 강하지 않아야 사람이 머무는 기지를 지을 수 있는 법인데, 그곳은 그런 곳이 아니었다.

모세산으로 오가는 헬리콥터에서 내려다보니 온통 하얀 얼음뿐으로, 온 세상이 허옇게 보이는 백시현상白視現象은

모세산(위)은 바람이 아주 심해서 눈이 지면과 평행하게 날렸다(왼쪽). 답사반이 마이샤 누나탁에 내려서 조사를 하고 있다(오른쪽).

정말이지 무서웠다. 진짜 아무것도 보이지 않았다. 그저 허옇고 부연 무서운 장막뿐이었다. 실제 남극에서 일어나는 헬리콥터 사고의 90퍼센트는 시야 상실Whiteout 때문이라는 말이 이해되었다. 눈이고 바다고 모두 허옇게 보일 뿐 아무 것도 구별할 수가 없었다. 그러니 어떻게 헬리콥터나 비행기가 제대로 날아가겠는가?

배에서는

2월 16일 아침을 간단히 먹고 갑판으로 나왔다. 음식을 가리는 편은 아닌데 오늘 아침에는 우리 음식 생각이 간절했다. 배를 타고 항해하는 내내 러시아 음식만 먹었다. 아침으로는 흰 빵 또는 보리죽이나 쌀죽이 나왔으며 삶은 달걀과 레몬즙을 탄 차도 나왔다. 일요일에는 일종의 특식으로 달걀부침 두 개가 나왔다. 점심으로는 베이컨과 소시지, 올리브, 쇠고기를 넣은 감자 죽이 나왔으며, 가끔 다진 쇠고기와 쌀밥이 나오기도 했다. 오후 3시 반에는 "차 마시는 시간"이라고 해서 요구르트, 비스킷, 살구나 사과 같은 과일이 나왔다. 가끔 빵과 수박도 나왔고 홍차 한 통을 주기도 했다. 저녁은 돼지고기 수프에 닭고기와 감자가 나오거나, 돼지고기 등심구이가 나왔다.

러시아가 꽤 추운 곳이라 그런지 고기류가 많고 대부분의 음식이 기름졌으며 채소가 적었다. 잘 알다시피 음식은 그 지역의 기후와 토양, 역사와 문화를 아우르는 법이다. 러시아 사람들이 독한 술을 많이 마시는 것도 날씨 영향이 있으리라 생각된다. 배에서 술을 조심하라는 포스터가 붙어 있는 것을 보았는데, 술을 좋아해도 항해 중에는 조심해야 한다는 뜻이리라. 배에서는 부두에 정박해 있을 때는 하루 세 번 식사가 나왔고, 항해 중일 때에는 오후 3시 반에 요깃거리가 한 번 더 나와 네 번 먹었다. 일도 하지만 배의 흔들림으로 알게 모르게 에너지를 소모해서 네 번 먹는 것이 부담스럽지는 않았다.

킹조지 섬으로

2월 17일 오전이 되어서야 1월 29일 오후에 영하로 떨어졌던 기온이 비로소 영상으로 올라왔다. 이제 남쪽의 추운 곳을 벗어났다는 뜻인가? 빠르면 21일 밤이나 22일 아침에는 킹조지 섬에 도착한단다. 이제 항해는 끝난 거나 마찬가지이다. 배는 17일 남위 69도, 서경 90도 부근에 있는 피터 1세 섬을 지났다. 꽤 큰 이 섬은 남극 탐험을 하던 러시아 남극 탐험대가 1821년 1월에 발견해 러시아 황제의 이름이 붙여졌다. 섬을 분명히 보고 싶었지만 윗부분은 심한 안개로 가려져 아랫부분만 보였다. 보이는 부분은 암벽으로 되어서인지 눈에 덮여 있지는 않았다. 암벽 사이에 이끼나 지의류가 피었는지는 몰라도, 멀리서 보기에는 아무것도 보이지 않았다. 북쪽으로 와서인지 수온도 영상이 되었다.

피터 1세 섬을 보고 있으니 옛날에 알던 칠레 해군 대령 출신의 빙해氷海 항해사의 말이 생각났다. 그는 함장 시절 위치를 잘못 찾아 이 섬을 본 적이 있다고 했다. GPS위성항법장치도 없던 시절이라 안개가 심하면 이른바 "추측 항해"를 하게 되는데 경도를 무려 1도나 틀려서 30킬로미터 넘게 위치를 착각했던 것이다. 한참 항해를 하다 보니 피터 1세 섬이 보여서 그때서야 자신이 큰 실수를 했다는 사실을 알았단다. 칠레 함장의 실력이 없는 것이 아니라 안개 낀 바다에서는 그만큼 정확한 항로를 찾는 일이 쉽지 않다는 뜻이다.

18일 얼음 없는 바다를 지나자 빙산 10여 개가 나타나면서 빙산이 많아져 수평선의 상당 부분이 빙산으로 덮였다. 파고가 4~5미터는 되었는데 저녁을 먹고 나자 바람까지 강해졌다. 바람에 아랑곳 않고 검은이마알바트로스, 남극페트렐, 핀타도 페트렐, 회색머리알바트로스, 남방풀마갈매기 같은 새들이 하늘을 날아다녔다.

다음 날은 험한 날씨가 지나는 것인지 배는 높이 2~3 미터의 너울 때문에 옆으로 상당히 흔들렸다. 시간이 지나자 눈도 날렸지만 파고는 2.5~3미터 정도로 그렇게 높지 않았다. 배는 남극반도의 서쪽을 따라 항해했으며, 도중에 우크라이나 베르나드스키Vernadskiy 기지가 보였다. 원래는 영국의 파라데이Faraday 기지였는데 우크라이나에 넘겨주었다.

배는 동쪽으로 항해하면서 2~3일에 한 시간씩 계속 당겼다. 항상 오후 9시에 시간을 바꿨는데, 일하는 시간은 피하고 잠자기 전으로 적당한 때를 택했다는 생각이 들었다. 오후 9시 서경 60도에 시간을 맞추려고 한 시간을 당겼다. 이제는 세종기지에서 쓰는 시간과 같아졌다.

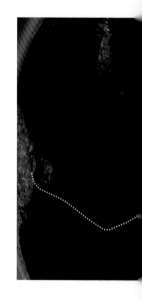

20일 수요일, 조용한 바다에 해가 나기 시작했지만 파도는 상당히 높았다. 드디어 세종기지가 있는 남셰틀랜드 군도로 들어왔다. 낮에는 눈이 거의 없는, 눈에 익은 시커먼 디셉션 섬을 지났다. 남극에 온천이 있다고 하면 이상하게 들리겠지만, 이 섬은 활화산이라 온천이 있다.

　2월 20일 오후 마침내 배는 킹조지 섬 맥스웰 만에 정박했다. 배가 크기도 했지만 항해하는 동안 '갑판으로 나가지 말라'는 경고 방송을 한 번 했을 정도로 생각보다 바다가 평온해서 멀미 고생을 하지 않았다. 답사반은 그날 오후 7시가 되기 전에 헬리콥터로 세종기지에 도착했다.

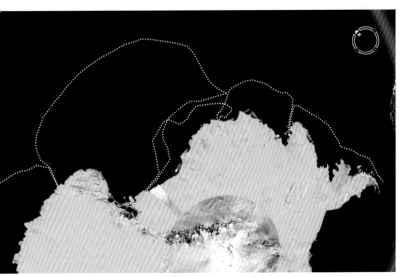

2008년 1~2월에 서남극 마리버드랜드 후보지 답사 항로이자 아카데믹 페도로프호의 항적 _그림의 왼쪽이 오스트레일리아 쪽이고 오른쪽이 킹조지 섬 쪽이다. 항적은 점선이며 헬리콥터의 비행경로는 톱날 부분이다. 잘 보면 그림의 왼쪽과 가운데와 오른쪽에서 남극 대륙으로 파고 들어간 헬리콥터 경로를 분간할 수 있다.

배에서 만난 사람들

이 항해에서 만난 사람 가운데 가장 기억에 남는 사람은 항해 책임자인 레브 사바츄킨Lev. M. Savatyugin 씨이다. 남극에서 4번이나 월동을 했고 여름에도 5번이나 왔다고 하는데, 주로 북극에서 연구를 했다고 한다. 52차 러시아 남극탐험단RAE의 단장이었던 그는 70세가 넘었으나 체격이 크고 당당했다. 나를, 아니 내가 쓴 모자를 보자마자 자신이 쓰고 있던 납작한 모자를 벗어 내게 내밀었다. 태극 문양을 바탕으로 남극 대륙을 디자인한 우리의 남극 연구 패치는 외국인들에게 인기가 좋았는데, 그 할아버지 마음에도 들었던 모양이다. 대신 자신이 쓰고 있던 녹갈색 체크 무늬의 스웨덴 위겐Wigen's 모자를 벗어 주었는데, 갈색 가죽으로 된 창의 바닥이 오래 써서 반질거렸지만 다행히 내 머리에도 잘 맞았다. 이렇게 우리나라의 남극 연구 패치 하나가 러시아로 시집을 갔다.

53차 러시아 남극 탐험단의 단장인 비아체슬라브 마르티아노프Viacheslav Martianov 박사는 전에 만난 적이 있는 사람이었다. 1987년 4~5월 킹조지 섬으로 남극 세종기지 후보지를 답사하러 갔을 때에 그는 러시아 벨링스하우젠 기지의 대장이었다. 처음에는 서로 알아보지 못했는데 이름을 듣고 키가 유난히 작았던 그를 보니 기억이 났다. 그는 나를 알아보지 못했지만, 린지 섬과 모세산, 마이샤 누나탁처럼 우리가 관심 갖고 있는 곳을 함께 찾아다녀 주었다. 1987년에 우리를 설상차에 태워 안내해 준 기억이 있다. 검었던 그의 머리를 세월이 회색으로 바꾸어 놓았다. 2008년 저물녘에 그가 우리 연구소를 찾아왔을 때 20년이 넘은 그의 사진 몇 장을 선물했다. 사진을 건네면서 "검은 머리의 젊은 마르티아 노프"라고 하자 그도 환하게 웃었다.

산드라 포터Sandra Potter라는 오스트레일리아 여자 연구원은 플랑크톤 연속 채집기Continuous Plankton Recorder CPR라는 장비로 플랑크톤을 채집했다. 바닷물이 쉬지 않고 장비를 지나가면서 바닷물 속에 있는 플랑크톤이 그물에 걸려 채집되는 장비이다. 오스트레일리아 남극 연구소는 1991년부터 남빙양으로 나오는 배에 부탁해 플랑크톤을 채집했다. 일본이나 독일 배가 도와주었고 이번엔 러시아 배가 도와준 것이다. 딸이 하나 있다는 그 연구원은 1981년부터 남극 연구에 참가해 남극에 14번이나 왔다고 했다. 우리가 항해한 서남극 바다의 자료는 없다며 아주 좋아했다. 귀국한 뒤에 오

러시아 TV와 인터뷰하는 항해 책임자 사바츄킨 씨(위 왼쪽), 여러 장의 남극 패치를 달고 있는 사람의 왼쪽 위에서 두 번째가 우리나라 2차 월동대 패치이다(위 오른쪽). 오스트레일리아 연구원 산드라 포터와 자연 다큐멘터리 작가인 임완호(아래 왼쪽), 우크라이나 아르타무프 박사와 함께한 저자 장순근(아래 오른쪽).

스트레일리아 남극 연구소가 2007~2008년 국제극지년IPY을 맞아 만든 남극 지도를 보내 주어 필요한 사람들에게 나누어 주었다. 축척이 1:2000만인 그 지도는 그런 대로 쓸 만했다.

우크라이나 해양학자인 유리 아르타무프Jury Artamouv 박사는 꽤 나이가 들어 보였는데, 배가 서 있을 때는 뱃전에서

혼자 구식 장비로 해양 조사를 했다. 알고 보니 그는 그 배에 있는 유일한 우크라이나 사람이었다. 그는 우크라이나가 영국의 파라데이 기지를 인수해 베르나드스키 기지로 바꾸어 월동 기지로 쓰는 것을 자랑스럽게 여겼다. 친해지자 그는 자기가 읽던 책을 내게 선물했다. 1989년 모스크바에서 나온 그 책을 읽지는 못했지만 그림으로 미루어 보아 세계 몇 나라의 자연과 풍습에 관한 책이었다. 그에게 내 책『남극 탐험의 꿈』을 답례로 주었다. 그가 돌아가서도 우리나라 사람을 만나 내가 선물한 책을 이해했으면 좋겠다.

대륙 기지의 후보지 답사 후에

남극 대륙과 해안이 어떻다는 것은 책에서 보아 알고 있었지만, 직접 가 보니 너무 달랐다. 남극반도의 모습으로 남극 대륙을 상상해서도, 상상할 수도 없는 곳이었다. 바다 위에는 큰 빙산들이 떠 있고 새하얀 해빙이 덮여 있다. 해안은 크레바스가 있는 얼음으로 거의 덮였고, 군데군데 허연 지면에 솟은 누나탁들은 인간이 남극 대륙에 발을 붙이는 것을 거부하는 듯했다. 설혹 남극 대륙에 올라갔다고 해도 얼음에 덮이지 않은 땅을 찾기가 힘들었다. 조금 있는 드러난 땅에는 펭귄들이 진을 치고 있다.

남극 대륙에 기지를 지으려면 꼭 바위와 자갈 위여야 한
다는 생각은 버리고 얼음 위에라도 지을 생각을 해야 한다.
실제로 남극 대륙에 진출한 나라 가운데는 얼음 위에 기지를
지은 곳도 있다. 그들의 경험을 타산지석으로 삼는다면, 얼
음 위에 우리의 남극 기지를 짓는 것은 그렇게 어려운 일이
아닐 것이라 생각된다.

위치가 좋은 남극 대륙 기지란, 바다가 얼지 않았다면
배를 가까이 대어 놓고 바지선^{바닥이 평편한 배}이나 고무보트를
이용해 사람과 물자를 오르내리기 쉬워야 하며, 평지가 있

어 건물을 지을 수 있어야 한다. 또 물이 있어야 하며, 가까운 곳에 비행기가 내릴 만한 자리가 있어야 한다. 이왕이면 멀지 않은 곳에 외국 기지가 있어 비상시에 도움을 받을 수 있으면 더 없이 좋을 것이다.

항해를 끝내고 배에서 내리기 전에 러시아의 남극 탐험 책임자가, 러스카야 기지에서 북쪽으로 500미터 정도 떨어진 200×300미터 크기의 빈 땅에 우리 기지를 세워도 좋다고 제안했다고 한다. 그럴 만하다. 극지에서 근처에 사람이 있다는 것만큼 반가운 일이 없기 때문이다. 그러나 배가 가까이 가고 고무보트로 상륙할 만한 곳은 이미 다른 나라들

얼음으로 덮인 남빙양은 얼음이 깨지면 바로 다시 얼기 시작한다.(왼쪽)
러시아 러스카야 기지(가운데)와 그 부근의 빈 터인데 지형이 상당히 험하다(오른쪽).

이 차지해 있고, 만약 남아 있다고 해도 찾아내기가 쉽지는 않을 것이라 생각된다.

　이번에 관심을 갖고 둘러본 서남극, 곧 남극반도의 서쪽 마거리트 만 데벤햄 섬에서 아르헨티나 헤네랄 산 마르틴 기지에 이르기까지 마리버드랜드를 중심으로 한 남극 대륙 해안의 거의 1/3에 해당하는 곳에 러스카야 기지 외에는 기지가 없다. 참고로 영국 기지 가운데 가장 큰 로데라 기지는 아르헨티나 헤네랄 산 마르틴 기지보다 약간 북서쪽에 있다. 그만큼 이곳은 인간이 가까이 오기도 힘들고 올라가기도 힘들다는 뜻이다. 실제 세종기지 대장을 처음 했을 때인 1988년 11월 기지를 검열하러 온 러시아 지구물리학계의 대가 그리쿠로프G.E. Grikourov 박사가 "배를 타고 남극을 많이 돌아보았는데 마리버드랜드만큼 인간의 발길을 가로막는 곳은 없다."고 말했던 것을 기억한다. 그는 "조사선이 러스카야 기지에 들러 한 번 물자를 주고 나오면 다시는 들어가지 못한다. 그만큼 바람, 파도, 얼음, 안개, 눈 때문에 항해가 어렵고 가까이 가기가 힘들다"고 말했다.

　러시아 자료를 보면 러스카야 기지의 날씨는 대단히 좋지 않다. 최대 순간풍속은 초속 77미터이고 연평균 풍속이 초속 12.9미터이다. 수치만으로는 연평균 풍속이 세종기지의 1.5배쯤으로 바람이 세다는 느낌이 들지 않는다. 그러나 실제로는 초속 15미터가 넘는 바람이 부는 날수가 일 년에 264일이나 되고 그중 절반이 넘는 136일은 초속 30미터가 넘는 바람이 불기 때문에 아주 센 것이다. 풍속이 초속 30미터를 넘으면 사람이 바람을 안고 제대로 걷지 못한다. 한마디로 사흘에 하루는 제대로 걷지 못할 만큼 센 강풍이 분다는 뜻이다. 눈보라도 심해서 작은 국지 눈보라가 151일이나 불고, 넓은 지역에 걸친 큰 눈보라도 89일이나 불어서 한마디로 나흘에 하루는 큰 눈보라가 몰아친다. 눈도 111일이나 날린다.

바다가 얼어 50킬로미터를 헬리콥터로 날아와야 하고, 바람이 세고 눈보라가 자주 몰아치며 눈이 날리는 날이 많다는 것은 그곳에 물자를 내리기가 대단히 어렵고 사람이 외부 활동을 할 수 있는 시간이 크게 줄어든다는 의미이다. 자칫하면 짐도 다 내려놓지 못하고 돌아가야 하는 일이 벌어질지도 모른다. 이를 피하려면 훨씬 많은 운송 장비와 인력이 투입되어야 한다. 기지를 지으려면 기지 건물만이 아니라 건설 인력이 거주할 시설도 필요하다. 연료도 전기 용

량에 따라 다르겠지만 적어도 2년분인 600~700톤을 첫해에 공급해야 한다. 몇 년에 나누어 짓는 방법도 있지만, 엄청난 예산을 감당해야 한다. 한마디로 러스카야 기지 일대는 워낙 날씨가 가혹한 곳이라 사람이 올라가기도 어렵고, 어렵게 올라간다고 해도 기지를 짓기가 힘들다. 억지로 지었다고 해도 기지를 운영하려면 사람들의 고생도 심하고 비용도 엄청날 것이다.

후보지를 돌아보는 동안 자연환경이 가혹한 마리버드랜드보다는 동남극 빅토리아랜드 쪽을 좀 더 조사해 보자는 의견이 나왔다. 실제로 로스 해는 얼음으로 막히는 일이 적어 옛날부터 남극점으로 가까이 가는 길이었다. 아문센과 스콧도 나무배를 타고 로스 해로 들어왔었다. 그런데 1985년 3월 중순 러시아 쇄빙선 미하일 소모프호가 얼음에 몇 달 갇혔다가 구조되었던 일이 있어서 후보지 논의에서 제외했었다. 확인해 보니 그 쇄빙선은 빅토리아랜드 쪽이 아니라 마리버드랜드 가까운 곳에 갇혔었다.

멀리 수평선에 로스 빙붕이 보인다(위).
언 바다를 뚫고 가는 것은 오직 그 나라의 힘뿐이다. 남빙양의 얼음을 깨며 항해하는 우리나라 쇄빙선(아래)

이번 답사는 남극 대륙에 제2 기지를 지을 후보지를 찾아 나선 답사였다. 충실하게 답사를 했지만 결과가 기지를 짓기에 적당하지 않다면 그 의견을 존중해야 할 것이다. 기지 건설이 몇 년 늦어지더라도 시간을 내어 한두 군데를 더 돌아보고, 그들을 비교해서 가장 나은 곳으로 골라야 할 것이다.

마침내 극지연구소의 과학자들은 2010년 1~2월에 우리나라에서 처음 만든 쇄빙선을 타고 러스카야 기지 부근과 동남극 빅토리아랜드의 테라노바 만을 답사했다. 이 답사를 바탕으로 국토해양부는 2010년 3월 중순 테라노바 만을 대륙 기지의 건설 예정지로 발표했고, 기지 이름도 장보고기지로 정했다. 2014년 3월 준공 예정으로 올해부터 두 번에 나누어 기지를 지을 것이다.

테라노바 만 부근의 장보고기지 후보지를 조사하고 있다.(위) 장보고기지가 들어설 테라노바 만 부근으로 가운데 약간 높고 평탄한 곳에 기지가 세워진다(가운데). 장보고기지가 들어설 곳 부근에 있는 크레바스와 멀리 보이는 멜버른 산(아래)

사진 도움 주신 분들

김지영(한국환경정책평가연구원) 레닌그라드스카야 기지 97~98쪽, 남극 페트렐 113쪽, 스노우 페트렐 113쪽

김지희(극지연구소) 남극의 펭귄 · 해표 · 지의류 99쪽

박하동(극지연구소) 크랩이터해표 112쪽, 황제펭귄 112쪽, 장보고기지 답사 134쪽

알레한드로 마소타(주바니 기지) 주바니 기지 전경 11쪽

이영준(한국환경정책평가연구원) 캐니스테오 반도 부근 비행 경로 114쪽, 아카데믹 페도로프호의 항적도 123쪽

임완호(디엠지 와일드) 완더링 알바트로스 82쪽, 검은이마알바트로스 83쪽, 핀타도 페트렐 84쪽, 남빙양의 새들 86쪽, 아카데믹 페도로프호 95쪽, 아델리펭귄 112쪽, 기상 관측 장치 116쪽, 저자 장순근 126쪽, 장보고기지 터 전경 134쪽, 장보고기지 부근 크레바스 134쪽

줄리아니(이탈리아 검열단원) 베이스 E의 저자 50쪽

한승필(극지연구소) 완더링 알바트로스 80쪽, 남극을 항해 중인 아라온호 90~91쪽, 로스 빙붕 133쪽, 우리 쇄빙선 133쪽

촬영자 불명 폴라 듀크호 69쪽